普.通.高.等.学.校
计算机教育"十三五"规划教材

HTML5+CSS3 基础开发教程

(第2版)

HTML5+CSS3 PROGRAMMING
(2nd edition)

张珈珣 范立锋 ◆ 编著

人民邮电出版社
北京

图书在版编目（CIP）数据

HTML5+CSS3基础开发教程 / 张珈珣，范立锋编著. -- 2版. -- 北京：人民邮电出版社，2017.8（2024.1重印）
普通高等学校计算机教育"十三五"规划教材
ISBN 978-7-115-46040-0

Ⅰ. ①H… Ⅱ. ①张… ②范… Ⅲ. ①超文本标记语言－程序设计－高等学校－教材②网页制作工具－高等学校－教材 Ⅳ. ①TP312.8②TP393.092.2

中国版本图书馆CIP数据核字(2017)第133686号

内 容 提 要

本书内容主要分为三大部分。第一部分介绍了HTML5的相关开发技术，包括HTML的发展，HTML5与之前版本的区别，HTML5的表单元素应用，HTML5的多媒体元素应用，HTML5的图像及动画应用，HTML5的元素拖曳技术，HTML5的数据存储技术，HTML5的离线应用及地理位置应用，通过HTML5对本地文件进行操作，Web Worker进行复杂任务调度，SSE和WebSocket进行浏览器与服务器通读。第二部分介绍了CSS3的相关知识，包括CSS3选择器的应用，使用CSS3控制页面样式，使用CSS3在页面中插入信息，使用CSS3控制元素变形以及CSS3中的元素过渡应用。第三部分为HTML5与CSS3的综合应用实例，介绍HTML5+CSS+JS进行移动端Web网页的响应式设计的核心代码。

本书主要面向高等院校学生，以及没有开发经验或者仅有少量程序设计基础的读者，因此书中所讲解内容较为基础、细致。书中每一章节都提供了上机实践环节，使读者在理论学习的基础上结合实际操作，力求使读者真正做到学以致用。

◆ 编　著　张珈珣　范立锋
　　责任编辑　刘博
　　责任印制　陈犇

◆ 人民邮电出版社出版发行　北京市丰台区成寿寺路11号
　　邮编　100164　电子邮件　315@ptpress.com.cn
　　网址　http://www.ptpress.com.cn
　　北京虎彩文化传播有限公司印刷

◆ 开本：787×1092　1/16
　　印张：16.5　　　　　　　　　　2017年8月第2版
　　字数：433千字　　　　　　　2024年1月北京第10次印刷

定价：49.80元

读者服务热线：(010)81055256　印装质量热线：(010)81055316
反盗版热线：(010)81055315
广告经营许可证：京东市监广登字20170147号

前言

HTML5 和 CSS3 是近年来 Web 应用开发技术中最为热门的两项新技术。HTML5 在原 HTML 版本的基础上，提出了大量创新的、实用的元素和规范。HTML5 不仅在传统的台式机 Web 应用方面可以发挥重要作用，对移动设备上的 Web 应用也提供了良好的支持。CSS3 在样式定义方面同样提出了大量新的元素，在丰富原有样式的基础上，使开发变得更加方便、快捷。

本书全面、翔实地介绍了 HTML5 各种基础知识及应用技巧，以及 CSS3 的基础应用和高级应用。通过对本书的学习，读者可以快速、全面地掌握使用 HTML5 和 CSS3 开发 Web 应用程序的方法，并且能够达到融会贯通、灵活运用的目的。

本书特点

本书的特点如下。

（1）介绍最新的开发技术。HTML5 和 CSS3 是目前最新的两种网页开发技术，且发展前景良好，未来将被广泛应用。

（2）教材知识体系结构合理。知识安排强调整体性和系统性，知识表达强调层次性和有序性，便于读者学习和理解。

（3）理论与应用紧密结合。本书的每一章节在对相关知识点进行详细介绍之后，都会提供该技术点的具体应用示例，通过理论与实际相结合，读者能更好地掌握相关知识点。

（4）提升读者综合应用能力。本书在每章（除个别章节外）最后都提供了一个综合应用本章知识点的上机实践，通过完成每章上机实践内容，读者不仅能够更加深入理解理论知识，还能检测自己对本章知识的综合应用能力。

（5）语言通俗易懂，读者容易理解。书中采用程序结构、页面交互图、流程图、表格等多种方式，描述问题及解决问题的过程，使读者从多个角度来理解问题。

（6）案例的实用性。本书中最后提供了两个具有代表性的案例：Web 游戏和 Web 网站，这两个应用分别代表了当前 HTML5 和 CSS3 的应用方向。通过这两个案例的练习，读者可以对本书所讲解的知识点进行整体回顾，提升读者应用 HTML5 和 CSS3 进行开发的水平。

本书结构

本书围绕 HTML5 及 CSS3 基础知识和高级应用进行讲解，书中提供了许多实例，而且每章后附有习题，用于巩固所学内容。全书共分 15 章，各章具体内容如下表所示。

表　　　　　　　　　　　　　全书各章的主要内容

章　名	描　述
第 1 章　初识 HTML5	介绍 HTML 发展过程以及 HTML5 学习前的准备工作
第 2 章　HTML5——全新的 HTML	通过与之前 HTML 对比，着重介绍 HTML5 的变化，包括新的语法结构及新的元素、属性等
第 3 章　HTML5 的表单	介绍 HTML5 新的 input 输入类型及属性，同时介绍了 HTML5 中表单的验证方式
第 4 章　HTML5 的多媒体	介绍如何应用 HTML5 的多媒体元素，包括多媒体元素的属性、方法以及事件的讲解和应用
第 5 章　HTML5 的图像及动画	介绍 HTML5 中绘图的方法，包括 canvas 元素应用，绘制简单图形、图像，以及对图形、图像的相关操作方法
第 6 章　HTML5 的元素拖曳	介绍 HTML5 中元素拖曳的实现方法
第 7 章　HTML5 的数据存储	介绍 HTML5 中数据存储的作用以及实现方法
第 8 章　HTML5 离线应用及地理位置应用	介绍 HTML5 中离线应用的原理、操作，以及地理位置的相关应用方法
第 9 章　文件系统	介绍 HTML5 中的 FileAPI 进行本地文件的操作方法
第 10 章　Web Worker	介绍 HTML5 通过 Web Worker 进行后台进程运行的方法
第 11 章　SSE 和 WebSocket	介绍 SSE 和 WebSocket 进行服务器向浏览器进行数据推送的方法
第 12 章　CSS3 入门与基础	介绍 CSS3 的基础知识，包括选择器的用法及控制页面样式的方法
第 13 章　CSS3 高级应用	介绍 CSS3 的高级应用，包括在页面中插入信息，控制页面文字样式，控制页面元素变形以及样式过渡的实现方法
第 14 章　综合案例	提供两个完整实例，一个为 Web 游戏应用，另一个为 Web 网站应用
第 15 章　移动应用前端开发	介绍 App 前端开发示例，通过 HTML5+CSS+JS 进行移动端 Web 网页的响应式设计核心代码

本书面向的读者

　　本书面向的是 HTML 程序设计的初学者。读者无需掌握任何开发技术就可以根据书中介绍的方法和实例，构建 HTML5 的 Web 应用。本书在内容编排上由浅入深，循序渐进，注重理论与实际相结合，特别适合高等院校的教师作为授课教材。

　　如果您具备一定的网页开发基础，但又希望掌握最新的网页开发技术，本书也非常适合。虽然本书的编写初衷是面向没有开发经验的读者，但是如果您具备以下方面的知识，学习起来将事半功倍：

- 熟悉 HTML；
- 熟悉 CSS；
- 熟悉 JavaScript。

本书实例的运行环境

　　由于目前浏览器对 HTML5 及 CSS3 的支持性有所不同，个别示例可能需要在不同浏览器上运行方能得到正确效果，因此建议读者安装 Firefox、Chrome 以及 Opera 浏览器。

技术支持

　　本书实例开发中用到的程序源代码，可以在"人邮教育社区（www.ryjiaoyu.com）"上免费下载，以供读者学习和使用。

编　者
2017 年 5 月

目　录

第 1 章　初识 HTML5 ················1

1.1　HTML 发展史 ··························1
1.2　为什么要学习 HTML5 ··············2
1.3　HTML5 的开发环境 ··················2
1.4　浏览器对 HTML5 支持性检测 ···3
小结 ··6
习题 ··6

第 2 章　HTML5——全新的
　　　　　HTML ························7

2.1　新的语法结构 ·························7
2.2　新的页面架构 ·························8
2.3　元素的改变 ···························10
　　2.3.1　新增的元素 ····················10
　　2.3.2　停止使用的元素 ·············14
2.4　属性的改变 ···························15
　　2.4.1　新增的属性 ····················15
　　2.4.2　停止使用的属性 ·············16
　　2.4.3　全局属性 ·······················16
小结 ···18
习题 ···18

第 3 章　HTML5 的表单 ···············19

3.1　新的 input 输入类型及属性 ······19
　　3.1.1　新的 input 输入类型 ········19
　　3.1.2　新的 input 公用属性 ········25
3.2　表单的验证方式 ······················30
　　3.2.1　自动验证方式 ·················30
　　3.2.2　调用 checkValidity()方法实现
　　　　　验证 ·······························32
　　3.2.3　自定义提示信息 ··············33
　　3.2.4　设置不验证 ·····················33
3.3　上机实践——设计注册页面 ······34
　　3.3.1　实践目的 ·······················34
　　3.3.2　设计思路 ·······················34
　　3.3.3　实现过程 ·······················34
　　3.3.4　演示效果 ·······················36
小结 ···37
习题 ···37

第 4 章　HTML5 的多媒体 ··········· 38

4.1　HTML5 的多媒体元素 ·············38
4.2　多媒体元素的属性 ··················38
　　4.2.1　autoplay 属性 ··················38
　　4.2.2　controls 属性 ··················39
　　4.2.3　error 属性 ······················39
　　4.2.4　poster 属性 ·····················41
　　4.2.5　networkState 属性 ···········41
　　4.2.6　width 与 height 属性 ········43
　　4.2.7　readyState 属性 ··············43
　　4.2.8　其他属性 ·······················45
4.3　多媒体元素的方法 ··················45
　　4.3.1　多媒体支持性检测方法 ···46
　　4.3.2　多媒体播放方法 ·············49
4.4　多媒体元素的事件 ··················50
　　4.4.1　事件捕捉方法 ················50
　　4.4.2　支持的事件类型 ·············51
　　4.4.3　播放事件的应用 ·············52
4.5　上机实践——DIY 视频播放器 ···53
　　4.5.1　实践目的 ·······················53
　　4.5.2　设计思路 ·······················53
　　4.5.3　实现过程 ·······················53
　　4.5.4　演示效果 ·······················56
小结 ···57
习题 ···57

第 5 章　HTML5 的图像及动画 ······58

5.1　了解 canvas 元素 ·····················58
　　5.1.1　canvas 的用法 ·················58

5.1.2 一个简单的canvas画图实例 ⋯⋯ 59
5.2 使用路径画图 ⋯⋯⋯⋯⋯⋯⋯⋯ 59
　5.2.1 理解canvas的坐标系 ⋯⋯⋯ 60
　5.2.2 使用moveTo、lineTo画线 ⋯ 60
　5.2.3 使用arc方法画弧 ⋯⋯⋯⋯ 61
　5.2.4 绘制贝塞尔图形 ⋯⋯⋯⋯⋯ 64
5.3 图形操作 ⋯⋯⋯⋯⋯⋯⋯⋯⋯⋯ 65
　5.3.1 图形样式设置 ⋯⋯⋯⋯⋯⋯ 65
　5.3.2 渐变图形 ⋯⋯⋯⋯⋯⋯⋯⋯ 66
　5.3.3 图形坐标变换 ⋯⋯⋯⋯⋯⋯ 69
　5.3.4 图形组合处理 ⋯⋯⋯⋯⋯⋯ 72
　5.3.5 图形阴影 ⋯⋯⋯⋯⋯⋯⋯⋯ 74
5.4 图像操作 ⋯⋯⋯⋯⋯⋯⋯⋯⋯⋯ 75
　5.4.1 绘制图像 ⋯⋯⋯⋯⋯⋯⋯⋯ 76
　5.4.2 图像平铺 ⋯⋯⋯⋯⋯⋯⋯⋯ 77
　5.4.3 图像剪裁 ⋯⋯⋯⋯⋯⋯⋯⋯ 79
　5.4.4 像素处理 ⋯⋯⋯⋯⋯⋯⋯⋯ 81
5.5 canvas其他操作 ⋯⋯⋯⋯⋯⋯⋯ 82
　5.5.1 绘制文字 ⋯⋯⋯⋯⋯⋯⋯⋯ 83
　5.5.2 保存、恢复图形 ⋯⋯⋯⋯⋯ 84
5.6 制作动画 ⋯⋯⋯⋯⋯⋯⋯⋯⋯⋯ 86
5.7 上机实践——绘制时钟 ⋯⋯⋯⋯ 87
　5.7.1 实践目的 ⋯⋯⋯⋯⋯⋯⋯⋯ 87
　5.7.2 设计思路 ⋯⋯⋯⋯⋯⋯⋯⋯ 88
　5.7.3 实现过程 ⋯⋯⋯⋯⋯⋯⋯⋯ 88
　5.7.4 演示效果 ⋯⋯⋯⋯⋯⋯⋯⋯ 89
小结 ⋯⋯⋯⋯⋯⋯⋯⋯⋯⋯⋯⋯⋯⋯ 90
习题 ⋯⋯⋯⋯⋯⋯⋯⋯⋯⋯⋯⋯⋯⋯ 90

第6章 HTML5的元素拖曳 ⋯⋯ 91

6.1 曾经的拖曳解决方案 ⋯⋯⋯⋯⋯ 91
6.2 HTML5中拖曳的实现方法 ⋯⋯ 91
6.3 dataTransfer对象 ⋯⋯⋯⋯⋯⋯ 94
6.4 文件拖曳操作 ⋯⋯⋯⋯⋯⋯⋯⋯ 95
6.5 上机实践——拖曳式点菜界面 ⋯ 97
　6.5.1 实践目的 ⋯⋯⋯⋯⋯⋯⋯⋯ 97
　6.5.2 设计思路 ⋯⋯⋯⋯⋯⋯⋯⋯ 97
　6.5.3 实现过程 ⋯⋯⋯⋯⋯⋯⋯⋯ 97
　6.5.4 演示效果 ⋯⋯⋯⋯⋯⋯⋯⋯ 99
小结 ⋯⋯⋯⋯⋯⋯⋯⋯⋯⋯⋯⋯⋯⋯ 100

习题 ⋯⋯⋯⋯⋯⋯⋯⋯⋯⋯⋯⋯⋯ 101

第7章 HTML5的数据存储 ⋯⋯ 102

7.1 为什么需要数据存储 ⋯⋯⋯⋯ 102
7.2 Web Storage ⋯⋯⋯⋯⋯⋯⋯⋯ 102
　7.2.1 Web Storage与Cookie的比较 ⋯ 103
　7.2.2 Web Storage的两种存储方式 ⋯ 103
　7.2.3 localStorage的多数据操作 ⋯ 105
7.3 Web SQL数据库 ⋯⋯⋯⋯⋯⋯ 107
　7.3.1 创建数据库 ⋯⋯⋯⋯⋯⋯ 107
　7.3.2 Web SQL的增删改查 ⋯⋯ 108
7.4 上机实践——注册与登录 ⋯⋯ 113
　7.4.1 实践目的 ⋯⋯⋯⋯⋯⋯⋯ 113
　7.4.2 设计思路 ⋯⋯⋯⋯⋯⋯⋯ 113
　7.4.3 实现过程 ⋯⋯⋯⋯⋯⋯⋯ 113
　7.4.4 演示效果 ⋯⋯⋯⋯⋯⋯⋯ 116
小结 ⋯⋯⋯⋯⋯⋯⋯⋯⋯⋯⋯⋯⋯ 118
习题 ⋯⋯⋯⋯⋯⋯⋯⋯⋯⋯⋯⋯⋯ 118

第8章 HTML5离线应用及地理位置应用 ⋯⋯⋯⋯⋯⋯⋯⋯ 119

8.1 离线应用 ⋯⋯⋯⋯⋯⋯⋯⋯⋯ 119
　8.1.1 离线应用的工作原理 ⋯⋯ 119
　8.1.2 管理本地缓存 ⋯⋯⋯⋯⋯ 119
　8.1.3 applicationCache检测及更新缓存 ⋯⋯⋯⋯⋯⋯⋯⋯⋯⋯ 120
　8.1.4 检测在线状态 ⋯⋯⋯⋯⋯ 121
8.2 地理位置应用 ⋯⋯⋯⋯⋯⋯⋯ 121
　8.2.1 Geolocation的工作原理 ⋯ 121
　8.2.2 获取当前地理位置 ⋯⋯⋯ 122
　8.2.3 监视地理位置信息 ⋯⋯⋯ 123
　8.2.4 停止获取当前地理位置信息 ⋯ 123
8.3 上机实践——在搜狗地图中定位 ⋯ 123
　8.3.1 实践目的 ⋯⋯⋯⋯⋯⋯⋯ 123
　8.3.2 设计思路 ⋯⋯⋯⋯⋯⋯⋯ 123
　8.3.3 实现过程 ⋯⋯⋯⋯⋯⋯⋯ 123
　8.3.4 演示效果 ⋯⋯⋯⋯⋯⋯⋯ 125
小结 ⋯⋯⋯⋯⋯⋯⋯⋯⋯⋯⋯⋯⋯ 126
习题 ⋯⋯⋯⋯⋯⋯⋯⋯⋯⋯⋯⋯⋯ 126

第 9 章　文件系统 …………… 127

9.1　FileAPI 用途 …………………… 127
9.2　FileAPI 数据结构及接口标准 …… 128
9.3　核心代码示例 …………………… 129
9.3.1　判断浏览器是否支持 ……… 129
9.3.2　获取本地文件 ……………… 129
9.3.3　Blob 对象 …………………… 132
9.4　浏览器对 File API 的支持情况 … 133
小结 ………………………………… 133
习题 ………………………………… 133

第 10 章　Web Worker …………… 134

10.1　Web Worker 应用场景 ………… 134
10.2　如何使用 Web Worker ………… 134
10.3　核心代码示例 ………………… 136
10.4　Web Worker 访问对象的限制 … 137
10.5　Web Worker 传递 JSON ……… 137
10.6　浏览器对 Web Worker 的支持情况 … 139
小结 ………………………………… 139
习题 ………………………………… 139

第 11 章　SSE 和 WebSoceket …… 140

11.1　关于数据推送 ………………… 140
11.2　SSE 示例 ……………………… 141
11.2.1　SSE 工作原理——客户端 … 141
11.2.2　SSE 工作原理——服务端 … 143
11.3　WebSocket 工作原理 ………… 143
11.3.1　WebSocket 工作原理
　　　　——客户端 ……………… 144
11.3.2　WebSocket 工作原理
　　　　——服务端 ……………… 145
11.4　上机实践——使用 WebSocket 实现
　　　聊天室 ………………………… 146
11.4.1　实践目的 …………………… 146
11.4.2　设计思路 …………………… 146
11.4.3　实现过程 …………………… 146
11.4.4　演示效果 …………………… 151
小结 ………………………………… 151
习题 ………………………………… 152

第 12 章　CSS3 入门与基础 ……… 153

12.1　CSS3 是什么 ………………… 153
12.2　CSS3 的一个简单应用 ……… 153
12.3　CSS3 的常用选择器 ………… 157
12.3.1　为什么要使用选择器 …… 157
12.3.2　属性选择器 ……………… 158
12.3.3　类选择器 ………………… 160
12.3.4　伪类选择器 ……………… 162
12.4　控制页面样式 ………………… 165
12.4.1　控制圆角边框样式 ……… 166
12.4.2　控制背景样式 …………… 168
12.4.3　控制颜色样式 …………… 173
12.4.4　控制页面布局 …………… 176
12.5　上机实践——购物车结算界面 … 179
12.5.1　实践目的 ………………… 179
12.5.2　设计思路 ………………… 179
12.5.3　实现过程 ………………… 179
12.5.4　显示效果 ………………… 181
小结 ………………………………… 181
习题 ………………………………… 181

第 13 章　CSS3 高级应用 ………… 182

13.1　在页面中插入内容 …………… 182
13.1.1　插入文字 ………………… 182
13.1.2　插入图像 ………………… 184
13.1.3　插入项目编号 …………… 185
13.2　文字样式控制 ………………… 186
13.2.1　为文字增加阴影效果 …… 187
13.2.2　设置单词及网址自动换行 … 188
13.2.3　使用服务器端字体 ……… 189
13.3　元素变形处理 ………………… 189
13.3.1　缩放效果 ………………… 190
13.3.2　旋转效果 ………………… 190
13.3.3　移动效果 ………………… 191
13.3.4　倾斜效果 ………………… 192
13.4　样式过渡 ……………………… 193
13.5　更为复杂的样式过渡 ………… 194
13.6　上机实践——个性留言板 …… 195
13.6.1　实践目的 ………………… 195

13.6.2 设计思路 …… 195	14.2.1 需求分析 …… 205
13.6.3 实现过程 …… 195	14.2.2 概要设计 …… 206
13.6.4 显示效果 …… 198	14.2.3 详细设计 …… 207
小结 …… 199	14.2.4 网站效果 …… 226
习题 …… 199	**第 15 章 移动应用前端开发 …… 230**
第 14 章 综合案例 …… 200	15.1 引导页的设计 …… 230
14.1 马里奥大逃亡游戏 …… 200	15.2 登录页的设计 …… 231
14.1.1 游戏介绍 …… 200	15.3 注册页的设计 …… 234
14.1.2 需求分析 …… 200	15.4 首页的设计 …… 237
14.1.3 详细设计 …… 201	15.5 我的页面设计 …… 241
14.1.4 游戏效果 …… 204	15.6 新房源列表页的设计 …… 243
14.2 欧美风格企业网站 …… 205	15.7 新房内容页的设计 …… 251

第 1 章 初识 HTML5

随着计算机硬件及网络环境的不断发展，基于网页形式的各种 Web 应用技术也层出不穷。在众多前端技术中，HTML5 作为新一代 Web 开发技术得到越来越多开发者的关注和应用。HTML5 的出现，使 Web 开发标准发生了质的飞跃，使原本死板保守的 Web 应用变得更加绚丽多彩、功能强大。更为重要的是，在移动互联网越来越发达的时代，HTML5 在这一领域已经占有一席之地。虽然目前还未最终确定 HTML5 的开发标准，但是 HTML5 已经发展成为一种复杂的网页设计及 Web 应用开发的重要平台，其跨平台性已经在移动端应用开发占据主流地位。

通过本章的学习，读者可以对 HTML 的发展历程以及 HTML5 的基本特性有一个大体了解，为后续内容的学习奠定基础。

1.1 HTML 发展史

在真正开始接触 HTML5 之前，我们有必要首先了解一下 HTML 的发展史。HTML 是随着网页技术的出现而诞生的，它的全称是 HyperText Markup Language，即超文本标记语言，主要用于描述网页文档结构。通俗地说，HTML 规定了一组由尖括号组成的能够提供各种功能的标签，通过不同标签的组合使用来构建页面。

HTML 从诞生至今，主要经历了几个比较关键的版本。

1. HTML 雏形诞生

1991 年，蒂姆·伯纳斯·李（Tim Berners-Lee）编写了一份叫作"HTML 标签"的文档，该文档包括了大约 20 个用来标记网页的 HTML 标签。这是一个非官方的版本，是 HTML 的雏形。

2. 第一个官方版本

HTML 的第一个官方版本是由 IETF（因特网工程任务组）推出的 HTML 2.0，在该版本问世之前，一些标签的功能已经被实现。

3. HTML 发展拐点

当 W3C（万维网联盟）取代 IETF 成为 HTML 的标准组织后，HTML 的版本被频繁修改。随着标签数量的增加，HTML 能够提供的功能也越来越完善。直到 1999 年的 HTML 4.01 版本，HTML 到达了它的第一个拐点，并被普遍应用。

4. XHTML 的没落

在 HTML 4.01 之后的版本变为 XHTML 1.0，其中 X 代表 eXtensible（扩展）。XHTML 1.0 与 HTML 4.01 相比，并未引入任何新的标签或属性，只是在语法上进行了严格的要求。例如，

HTML 4.01 允许使用大写或小写字母标识标记元素和属性，而 XHTML 则只允许小写字母。严格的语法规范带来的好处是统一的代码风格，这在一定程度上为 Web 开发者提供了便利。

然而在 XHTML 1 的后续版本 XHTML 2 却发生了很大的变化，该版本不再兼容之前的版本（甚至之前的 HTML 规范）。由于 HTML 4 已被普遍应用和接受，要完全放弃原有标准是不现实的，无论对于 Web 开发者还是浏览器制造商来说都是不可接受的。这也注定了 XHTML 2 逐步走向没落。

5. HTML5 的萌芽

W3C 组织于 2009 年宣布终止 XHTML 2 的开发进程，转向一种新的规范——HTML 5。非常有趣的是，W3C 是以 WHATWG 组织的研究成果为基础进行发展的，而 WHATWG 组织正是当年 W3C 的反对者联盟。W3C 组织的方向转变造成了这一现状，目前，同时有两个组织在制定自己的规范。

6. HTML5 为移动而生

HTML5 之所以能够迅速受到广大开发者的青睐应当归功于乔布斯发表的公开信《关于 FLASH 的几点思考》论文，其提出 HTML5 更适合移动开发的六点主要原因更是奠定了 HTML5 在跨平台的移动设备上赢得最终胜利。HTML5 改变 Web 开发的局限性，基于 HTML5 开发方便构建类似客户端软件的网页版 App，可以访问磁盘系统和摄像头等敏感设备，将原本桌面应用软件开发所擅长的领域带到 Web 开发领域，摒弃了 Web 开发的种种痛点，将 Web 开发带入了新的纪元。

1.2 为什么要学习 HTML5

虽然目前 HTML5 还没有形成一个统一的规范，但是这并不能成为我们学习 HTML5 的阻碍，可以说 HTML5 在不久的将来将逐步甚至完全取代以往的规范，成为 Web 开发的主流。

HTML5 提供的功能丰富的标签，可以充分满足 Web 应用多元化的需求；通过使用 HTML5 标签，开发人员可以轻松地在网页中实现音频和视频的嵌入、动画效果、渐变效果、表单自动验证等等。而这些在现有技术层面，都是需要第三方插件以及大量编码才能够实现的。

此外，HTML5 可以很好地支持移动互联网的 Web 应用需求。随着手机和平板电脑的硬件配置、智能化操作系统的不断升级，移动互联网已经逐步渗透到我们周围的每一个人。HTML5 自身对音频、视频、地理定位等功能的良好支持，直接决定了其在移动设备的 Web 应用、游戏方面大有可为。

目前流行的"云"技术，更使 HTML5 大放异彩。试想我们在任何一台可以使用浏览器的计算机或移动终端设备上，通过"云"能够便捷地获取我们需要的资料、信息而无需预先安装任何应用。这对用户来说，可以彻底摆脱操作环境的束缚，能够更加方便、快捷地实现信息传递。

1.3 HTML5 的开发环境

HTML5 更多时候被用在基于 Web 的页面及应用开发，较为常用的集成开发工具有 Adobe 公司的 Dreamweaver、Adobe Edge，Microsoft 公司的 Visual Studio 和 Jetbrains 公司的 WebStorm 等。当然我们也可以使用纯文本编辑器来编写 HTML5 代码，常用的文本编辑工具有 UltraEdit、NotePad++、EditPlus 等。

目前国内主流的 Hybrid 跨平台移动应用开发采用的技术均为 HTML5、CSS3 和 JavaScript 语言结合开发；开发者通过内置的 IDE 集成开发工具、在线编译系统以及云端打包器等，快速生成 Android、iOS、Windows Phone 平台上的本地应用，其中比较典型的平台为 Appcon、APICloud、WEX5 等，建议读者熟读其平台对应的 API，这样对开发 Hybrid 应用能够起到事半功倍的效果。

集成工具与普通文本编辑器比较起来各有利弊，集成工具一般体积庞大，但是功能强大，多数集成工具都提供了代码提示、代码校验以及集成的调试环境；普通文本编辑器体积轻巧，但是往往只具有一般的编辑功能。读者可根据实际需求，选择适合自己的开发工具。

1.4 浏览器对 HTML5 支持性检测

HTML5 应用不需要额外的服务器支持，只要在客户端使用浏览器即可运行。目前，已经有多种浏览器对 HTML5 的部分功能提供了支持，例如，微软公司的 Internet Explorer 9 浏览器、Mozilla 的 Firefox 浏览器、Google 的 Chrome 浏览器，以及 Opera 浏览器等。然而各浏览器还并未提供对 HTML5 所有功能的完善支持，因此在应用 HTML5 之前，应该先进行当前浏览器对 HTML5 支持性的检测。

检测浏览器是否支持 HTML5 特性有多种方法，主要包括以下几种。

（1）检测指定元素的 DOM 对象是否能被浏览器正确识别。例如，以检测 canvas 元素为例，创建一个 html 页面 testHTML5.html，并输入以下代码。

```
<!DOCTYPE html PUBLIC "-//W3C//DTD XHTML 1.0 Transitional//EN" "http://www.w3.org/TR/xhtml1/DTD/xhtml1-transitional.dtd">
<html xmlns="http://www.w3.org/1999/xhtml">
<head>
<meta http-equiv="Content-Type" content="text/html; charset=gb2312" />
<title></title>
</head>
<body>
    <canvas id="canvas1" style="background-color:#0000FF">
        如果浏览器不支持 HTML5 的<canvas>元素，则会显示此句话。
    </canvas>
</body>
</html>
```

在此页面中，我们使用了 canvas 元素创建一个画布，如果浏览器支持该元素，则会显示出一块背景颜色为蓝色的画布；如果浏览器不支持该元素，则会直接显示中间的语句。保存后，使用 IE6.0 浏览器打开此页面，得到结果如图 1-1 所示。

使用 Chrome 浏览器打开此页面，得到结果如图 1-2 所示。

图 1-1　浏览器不支持 HTML5 的 canvas 元素

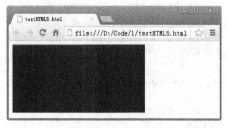

图 1-2　浏览器支持 HTML5 的 canvas 元素

（2）检测指定元素是否拥有特定的方法，并调用指定方法检查返回值。仍以 canvas 元素为例，该元素使用方法 getContext()获取该元素上下文。创建一个 HTML 页面 testHTML5_2.html，并输入如下代码。

```
<!DOCTYPE html PUBLIC "-//W3C//DTD XHTML 1.0 Transitional//EN" "http://www.w3.org/TR/xhtml1/DTD/xhtml1-transitional.dtd">
<html xmlns="http://www.w3.org/1999/xhtml">
<head>
<meta http-equiv="Content-Type" content="text/html; charset=gb2312" />
<title></title>
<script>
function checkCanvasSupport()
{
    var canvas = document.getElementById('canvas1');
    alert(canvas.getContext);
}
</script>
</head>
<body onload="checkCanvasSupport()">
    <canvas id="canvas1" style="background-color:#0000FF">
        如果浏览器不支持 HTML5 的<canvas>元素，则会显示此句话。
    </canvas>
</body>
</html>
```

在此页面中，我们通过编写 JavaScript 代码获取 canvas 元素的 DOM 对象，并调用 alert 方法显示 canvas 元素的 getContext()方法。保存后，使用 IE6.0 浏览器打开此页面，得到结果如图 1-3 所示。

使用 Chrome 浏览器打开此页面，得到结果如图 1-4 所示。

图 1-3　浏览器不支持 canvas 元素的 getContext 方法　　图 1-4　浏览器支持 canvas 元素的 getContext 方法

（3）检测全局对象是否拥有特定的属性。例如以检测全局对象 navigator 的 geolocation 属性为例，创建一个 HTML 页面 testHTML5_3.html，输入如下代码。

```
<!DOCTYPE html PUBLIC "-//W3C//DTD XHTML 1.0 Transitional//EN" "http://www.w3.org/TR/xhtml1/DTD/xhtml1-transitional.dtd">
<html xmlns="http://www.w3.org/1999/xhtml">
<head>
<meta http-equiv="Content-Type" content="text/html; charset=gb2312" />
<title></title>
<script>
function checkNavigatorSupport()
{
    alert(navigator.geolocation);
}
</script>
</head>
<body onload="checkNavigatorSupport()">
```

```
        </body>
</html>
```

在此页面中，我们通过编写 JavaScript 代码，使用 alert 方法显示 navigator 元素的 geolocation 属性。保存后，使用 IE6.0 浏览器打开此页面，得到结果如图 1-5 所示。

图 1-5 浏览器不支持 navigator 的 geolocation 属性

使用 Chrome 浏览器打开此页面，得到结果如图 1-6 所示。

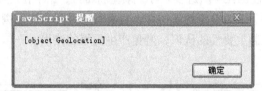

图 1-6 浏览器支持 navigator 的 geolocation 属性

（4）使用 HTML 特性检测工具。Modernizr 是一个开源的 JavaScript 类库，主要用于检测浏览器是否支持 HTML5 的新特性。我们可以在 Modernizr 的官方网站 http://modernizr.com 下载 Modernizr 的最新版本。下载后得到一个 JavaScript 文件，在页面中引用该文件，即可进行相关检测。例如，创建一个 HTML 页面 testHTML5_4.html，并输入以下代码。

```
<!DOCTYPE html PUBLIC "-//W3C//DTD XHTML 1.0 Transitional//EN" "http://www.w3.org/TR/xhtml1/DTD/xhtml1-transitional.dtd">
<html xmlns="http://www.w3.org/1999/xhtml">
<head>
<meta http-equiv="Content-Type" content="text/html; charset=gb2312" />
<title></title>
<script src="modernizr.custom.02219.js"></script>
<script>
function testHTML5()
{
    if(Modernizr.video)
    {
        alert('支持video元素')
    }
    else
    {
        alert('不支持video元素')
    }
}
</script>
</head>
<body onload="testHTML5()">
</body>
</html>
```

在此页面中，我们调用 Modernizr 对 HTML5 的 video 元素进行检测，如果浏览器支持该元素则 Modernizr.video 返回 true，否则返回 false。保存后，使用 IE6.0 浏览器打开此页面，得到结果如图 1-7 所示。

使用 Chrome 浏览器打开此页面，得到结果如图 1-8 所示。

图 1-7　Modernizr 检测浏览器不支持 video 元素　　　　图 1-8　Modernizr 检测浏览器支持 video 元素

对于上述介绍的几种检测方法，读者应熟练掌握。因为 HTML5 还处于发展阶段，而各浏览器厂商对 HTML5 的支持性也在不断进步。对于某些新特性，如果在使用中没有达到预期的效果，不一定是因为错误地使用了 HTML5 的新特性，也有可能是因为当前浏览器没有提供此特性的支持。读者需提高对检测机制重要性的认识，避免产生低级的错误。

小　　结

HTML 从其诞生至今一直在不断地发展、完善，而 HTML5 更是 HTML 发展史上一个具有划时代意义的版本。HTML5 则是第一个将 Web 作为应用开发平台的 HTML 语言，熟悉和掌握 HTML5 开发技巧，在今后的求职、就业中，也将成为一大制胜的法宝。

习　　题

（1）HTML 发展过程中经历了哪几个重要版本？
（2）请给出 3 个以上 HTML5 的开发工具。
（3）检测浏览器对 HTML5 支持的方法有哪几种？
（4）如何使用 Modernizr 工具检测当前浏览器是否支持 audio 元素？

第 2 章
HTML5——全新的 HTML

HTML5 是 HTML 诞生至今最具有划时代意义的一个版本，它在之前的 HTML 版本基础上，做出了大量更新。HTML5 除了保留了 HTML4 中一些基本元素及属性的用法外，还删除了部分利用率低或不合理的元素，同时增加了大量新的、功能强大的元素。

通过本章的学习，读者可以更深入地了解 HTML5 与 HTML4 版本的区别，同时对 HTML5 的新元素、新语法有个初步了解，为后续学习打下基础。

2.1 新的语法结构

在了解 HTML5 的新语法结构之前，我们先来看一个例子。同样一个网页，在 HTML4 中编写的代码如下。

```
<!DOCTYPE html PUBLIC "-//W3C//DTD XHTML 1.0 Transitional//EN" "http://www.w3.org/TR/xhtml1/DTD/xhtml1-transitional.dtd">
<html xmlns="http://www.w3.org/1999/xhtml">
<head>
<meta http-equiv="Content-Type" content="text/html; charset=gb2312" />
<title>HTML4</title>
</head>
<body>
    <p>这是一个 HTML 页面</p>
</body>
</html>
```

在 HTML5 中编写的代码如下。

```
<!DOCTYPE html>
<html>
<head>
<meta charset="gb2312">
<title>HTML5</title>
</head>
<body>
    <p>这是一个 HTML 页面</p>
</body>
</html>
```

分析这两段代码的详细结构不难发现，与 HTML4 的语法结构相比，HTML5 的语法结构更加简练，省去了一些不必要的配置信息。

最初的 HTML 版本借用了标准通用置标语言（Standard Generalized Markup Language，SGML）的标记规范，并且在后续的版本中一直遵循着这一规范。但是 SGML 的语法非常复杂，想要开发出一款完美解析 SGML 的程序，无疑是一件非常困难的事情。目前大多数浏览器都不提供 SGML 的解析功能，相同的 HTML 代码在不同的浏览器中执行，结果也会有所区别。

针对 HTML4 对于各浏览器兼容性的问题，开发者们也曾经想出过一些解决方案，例如针对不同浏览器编写不同代码片段，程序会根据不同浏览器执行环境，选择合适的代码段就能解析。虽然通过某些手段可以在一定程度上解决不同浏览器之间的兼容性问题，但是这对开发者来说，不仅增加了工作量及工作难度，最重要的是始终未能从根本上解决这一问题。HTML5 的一个目标就是消除不同浏览器的兼容性问题，通过制定统一标准，保证相同代码在不同浏览器上执行，都能够按照同一标准解析，产生相同的结果。

2.2　新的页面架构

如果读者有过 HTML 的开发经验，对目前的页面架构应该不会陌生。无论是简单的页面还是复杂的页面，都可以被分割为几个不同的区域，用于放置不同的信息。在 HTML4 中要想实现这一功能，目前多数开发者都是使用 div 元素来实现的。例如在 HTML4 中，一个常见的分块页面代码如下。

```
<!DOCTYPE html PUBLIC "-//W3C//DTD XHTML 1.0 Transitional//EN" "http://www.w3.org/TR/xhtml1/DTD/xhtml1-transitional.dtd">
<html xmlns="http://www.w3.org/1999/xhtml">
<head>
<meta http-equiv="Content-Type" content="text/html; charset=gb2312" />
<style type="text/css">
#sidebar{float:left;width:20%}
.main{float:right;width:80%}
#footer{clear:both}
</style>
<title></title>
</head>
<body>
    <div id="header">
        <p>网站标题</p>
    </div>
    <div id="sidebar">
        <ul>
            <li>菜单 1</li>
            <li>菜单 2</li>
            <li>菜单 3</li>
        </ul>
    </div>
    <div class="main">
        <p>主体内容 1</p>
    </div>
    <div class="main">
        <p>主体内容 2</p>
    </div>
```

```
        <div id="footer">
            <p>版权信息,联系方式</p>
        </div>
    </body>
</html>
```

在浏览器中运行上面的代码,得到的结果如图 2-1 所示。

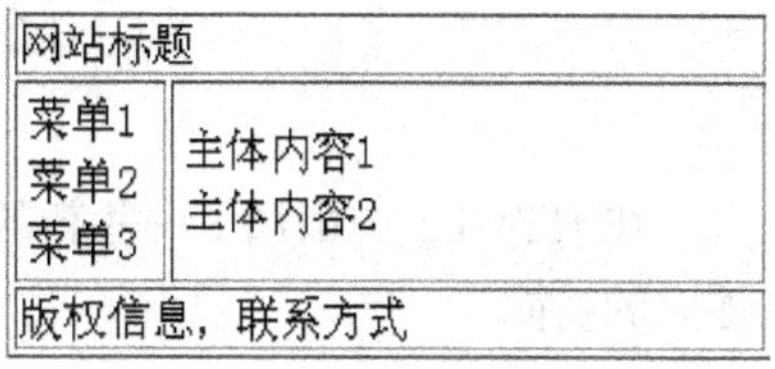

HTML5 中提供了专门用于实现页面架构功能的元素,包括以下的元素。

(1) section 元素,用于定义页面中的一个内容区域,例如页眉、页脚,可以与 h1、h2、h3 等结合使用形成文档结构。

图 2-1 HTML4 页面效果

(2) header 元素,用于定义页面中的标题区域。

(3) nav 元素,用于定义页面中的导航菜单区域。

(4) article 元素,用于定义页面中上下两段相对独立的信息内容。

(5) aside 元素,article 元素的辅助元素,用于定义页面中 article 区域内容相关联信息。

(6) footer 元素,用于定义页面中脚注区域。

开发人员利用这些元素可以快速架构页面。同时,由于代码的规范化,为页面协同开发、后续维护等工作也带来了便利。对于图 2-1 所示的页面架构,在 HTML5 中可以编码如下。

```
<!DOCTYPE>
<html>
<meta charset="gb2312" />
<style type="text/css">
nav{float:left;width:20%}
article{float:right;width:80%}
footer{clear:both}
</style>
<title></title>
<header>
    <p>网站标题</p>
</header>
<nav>
    <ul>
        <li>菜单 1</li>
        <li>菜单 2</li>
        <li>菜单 3</li>
    </ul>
</nav>
<article>
    <p>主体内容 1</p>
</article>
<article>
    <p>主体内容 2</p>
</article>
<footer>
    <p>版权信息,联系方式</p>
</footer>
</html>
```

上面的代码,在 Chrome 中运行,同样可以得到图 2-1 所示的效果。分析上面两段代码可以发现，在 HTML5 中分别使用了 header 元素、nav 元素、article 元素以及 footer 元素取代 HTML4 中的 div 块，实现了页面中的标题部分、导航菜单部分、主体信息部分以及脚注部分。

2.3 元素的改变

在 HTML5 中增加了一些新的页面元素，这些页面元素不仅带来了开发的便利，而且提供了强大的功能。

2.3.1 新增的元素

在 2.2 节中，我们已经接触了一些 HTML5 的页面架构元素，这些元素是在 HTML5 中首次出现的新元素。除了页面架构元素外，HTML5 中还增加了以下一些其他元素。

1. video 元素

video 元素主要用于在页面中添加视频信息。该元素的主要属性说明如表 2-1 所示。

表 2-1　　　　　　　　　　　video 元素属性说明

属　性	说　明
autoplay	设定此属性时，视频加载完毕后自动播放
controls	设定此属性时，播放器上会显示控制按钮
height	用于设置播放器在页面中显示高度
width	用于设置播放器在页面中显示宽度
preload	设定此属性时，视频文件在页面请求时便预先加载，如果设置了 autoplay 属性，则该属性无效
src	用于设置视频地址
loop	设定该属性时，视频播放完毕后，会自动循环播放

一段使用 video 元素的示例代码如下。

```
<video src="http://www.test.com/html5.ogg" controls="controls">
    浏览器不支持video元素
</video>
```

该元素在页面中的显示效果如图 2-2 所示。

图 2-2　video 元素显示效果

需要注意的是，video 元素所引用的视频文件是否能够正常播放，取决于浏览器所支持的视频解码方式。

2. audio 元素

audio 元素主要用于在页面中添加音频信息。该元素的主要属性说明如表 2-2 所示。

表 2-2　　　　　　　　　　　　audio 元素属性说明

属　　性	说　　明
autoplay	设定此属性时，音频加载完毕后自动播放
controls	设定此属性时，播放器上会显示控制按钮
preload	设定此属性时，音频文件在页面请求时便预先加载，如果设置了 autoplay 属性，则该属性无效
src	用于设置音频地址
loop	设定该属性时，音频播放完毕后，会自动循环播放

一段使用 audio 元素的示例代码如下。

```
<audio src="http://www.test.com/html5.wav" controls="controls">
    浏览器不支持 audio 元素
</audio>
```

该元素在页面中的显示效果如图 2-3 所示。

图 2-3　audio 元素显示效果

与 video 元素相似，audio 也支持多种音频格式，其所引用的音频文件是否能够正常播放，取决于浏览器是否支持。

3. embed 元素

embed 元素主要用于向页面中添加多媒体插件。该元素的主要属性说明如表 2-3 所示。

表 2-3　　　　　　　　　　　　embed 元素属性说明

属　　性	说　　明
height	用于设置嵌入页面插件的高度
width	用于设置嵌入页面插件的宽度
type	用于设置嵌入页面插件的类型
src	用于设置嵌入页面差价的地址

一段使用 embed 元素的示例代码如下。

```
<embed src="http://www.test.com/html5.swf">
    浏览器不支持 embed 元素
</embed>
```

该元素在页面中显示效果如图 2-4 所示。

4. mark 元素

mark 元素用于在页面中突出高亮显示信息内容。一段使用 mark 元素的示例代码如下。

```
<p>这是 HTML5 的<mark>mark</mark>元素示例代码</p>
```

该元素在页面中显示效果如图 2-5 所示。

图 2-4　embed 元素显示效果

这是HTML5的mark元素示例代码

图 2-5　mark 元素显示效果

5. command 元素

command 元素用于在页面中添加命令按钮,比如单选按钮、复选框或按钮。该元素的主要属性如表 2-4 所示。

表 2-4　　　　　　　　　　　　command 元素属性说明

属　性	说　　明
type	用于设置按钮类型,可设置类型包括 checkbox、radio、command
checked	用于设置按钮是否被选中,当 type 为 checkbox 或 radio 时可用
disabled	用于设置元素控件是否可用
label	用于设置元素控件的标签信息
icon	用于设置元素控件在页面中显示图像地址

一段使用 command 元素的示例代码如下。

```
<menu>
    <command type="checkbox">Click Me!</command>
</menu>
```

由于目前 Chrome 不支持 command,此处就不给出具体演示效果了。

6. progress 元素

progress 元素用于在页面中显示一个进度条,表明事件或进程的运行状况。该元素的主要属性如表 2-5 所示。

表 2-5　　　　　　　　　　　　　　progress 元素属性说明

属　性	说　明
value	当前执行进度
max	总进度最大值

一段使用 progress 元素的示例代码如下。

```
<progress value="58" max="100">
    浏览器不支持 progress 元素
</progress>
```

该元素在页面中的显示效果如图 2-6 所示。

7. details 元素

图 2-6　progress 元素显示效果

details 元素用于描述页面中的文档或文档某部分的细节。该元素的主要属性如表 2-6 所示。

表 2-6　　　　　　　　　　　　　　details 元素属性说明

属　性	说　明
open	用于定义页面加载时 details 元素包含信息状态是否可见

一段使用 details 元素的示例代码如下。

```
<details open="open">
    <summary>HTML5</summary>
    <p>全新的 HTML 规范</p>
</details>
```

该元素在页面中的显示效果如图 2-7 和图 2-8 所示。

▼ HTML5　　　　　　　　　　　▶ HTML5

　全新的HTML规范

　图 2-7　显示 details 元素内容 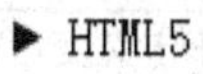　　　　图 2-8　隐藏 details 元素内容

8. datalist 元素

datalist 元素用于定义一个数据集，通常与 input 元素结合使用，为 input 元素提供数据源。一段使用 datalist 元素的示例代码如下。

```
喜欢的编程语言：
<input id="favLang" list="language" />
<datalist id="language">
  <option value=".NET">
  <option value="Java">
  <option value="PHP">
</datalist>
```

该元素在页面中的显示效果如图 2-9 所示。

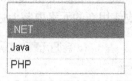

图 2-9　datalist 元素显示效果

9. output 元素

output 元素用于在页面中输出指定的信息。一段使用 output 元素的示例代码如下。

```
<form>
    <input type="text" id="num1">
    *
    <input type="text" id="num2">
    =
    <output onFormInput="value=num1.value*num2.value"></output>
</form>
```

当页面加载后，分别在两个输入框中输入数字信息时，output 元素对应控件会自动显示计算结果，如图 2-10 所示。

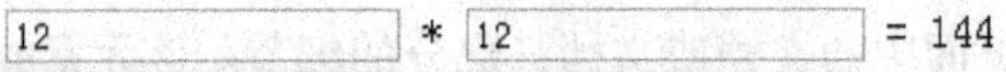

12 * 12 = 144

图 2-10　output 元素显示效果

10. 其他新增的元素

除了上面介绍的元素外，HTML5 中其他的新增元素如表 2-7 所示。

表 2-7　　　　　　　　　　　HTML5 其他新增元素说明

元素名称	用途
canvas	用于在页面中添加图形容器，可在 canvas 元素定义容器内执行绘图操作
datagrid	用于定义一个数据集，并以树形结构显示
keygen	用于生成页面传输信息密钥
menu	用于定义菜单列表，使其内部定义的表单控件以列表形式显示
metter	用于定义度量衡。仅用于已知最大和最小值的度量
output	用于向页面输出信息，比如脚本的输出
ruby/rt/rp	这 3 个元素通常结合使用，用于定义字符的解释或发音
source	与多媒体元素，例如<video>或<audio>结合使用，用于定义媒体资源
time	用于定义时间（24 小时制）或日期，可设置时间和时区
wbr	用于定义长字符换行位置，避免浏览器在错误的位置换行

2.3.2　停止使用的元素

在 HTML5 中一些旧有的元素不再被使用，这些元素的功能将由新元素及新实现方法代替。

1. frame 框架结构不再使用

frame 元素曾经是在网页设计中，尤其是框架结构设计中经常被用到的元素，但由于使用 frame 框架不利于页面重用，所以在 HTML5 中将不再使用 frame 框架结构。

2. 支持性不好的元素不再使用

HTML4 中的 applet、bgsound、blink 及 marquee 元素只在部分浏览器中可以正常解析，因此，在 HTML5 中将停止使用，或使用新的元素取替上述元素。具体对应关系如表 2-8 所示。

表 2-8　　　　　　　　　　　新旧元素对应关系说明

HTML4 元素名称	HTML5 取替元素名称
applet	embed 或 object
bgsound	audio

3. 其他不再使用的元素（见表 2-9）

表 2-9　　　　　　　　　　　　新旧元素对应关系说明

HTML4 元素名称	HTML5 取替元素名称
acronym	abbr
dir	ul
isindex	form 与 index
listing	pre
nextid	guids
plaintext	text/plian 的 mime
rb	ruby
xmp	code

2.4　属性的改变

HTML5 对旧有元素的属性进行了修改，增加了一些功能丰富的元素，并对一些利用率不高或功能冗余的属性进行了删减替换。

2.4.1　新增的属性

1. 新增的表单属性

HTML5 中新增的与表单相关的属性如表 2-10 所示。

表 2-10　　　　　　　　　　　　新增的表单属性

属性名称	适用元素	说　　明
autofocus	input, select, textarea, button	用于页面加载时，使设置该属性的元素控件获得焦点
form	input, output, select, textarea, button, fieldset	用于声明设置该属性的元素属于哪个表单
placeholder	input(text), textarea	用于对设置该属性的元素进行输入提示
required	input(text), textarea	用于对设置该属性的元素进行必填校验
autocomplete	form, input	用于对设置该属性的元素进行自动补全填写
min/max/step	input	用于对设置该属性的包含数字或日期的元素，规定限定约束条件
multiple	input(email, file)	用于规定设置该属性的元素输入域中可选择多个值
pattern	input	用于设置元素输入域校验模式

2. 新增的链接属性

HTML5 中新增的与链接相关的属性如表 2-11 所示。

表 2-11　　　　　　　　　　　　新增的链接属性

属性名称	适用元素	说　　明
media	a, area	用于规定设置该属性元素的媒体类型
sizes	link	用于设置元素关联图标大小，通常与 icon 结合使用

3. 新增的其他属性

HTML5 中新增的其他属性如表 2-12 所示。

表 2-12　　　　　　　　　　　　　新增的其他属性

属性名称	适用元素	说　　明
reversed	ol	用于指定列表显示顺序为倒序
charset	meta	用于设置文档字符编码方式
type	menu	用于设置 menu 元素显示形式
label	menu	用于设置 menu 元素标注信息
scoped	style	用于设置样式作用域
async	script	用于设置脚本执行方式为同步或异步
manifest	html	用于设置离线应用文档缓存信息
sandbox, seamless, srcdoc	iframe	用于设置提高页面安全

2.4.2　停止使用的属性

HTML4 中的部分属性在 HTML5 中将停止使用，这些属性将采用新属性或其他解决方案代替实现原来的效果。停止使用的 HTML4 属性如表 2-13 所示。

表 2-13　　　　　　　　　　　停止使用的 HTML4 属性

HTML4 属性	HTML5 处理方法
align, autosubmit, background, bgcolor, border, clear, compact, char, charoff, cellpadding, cellspacing, frameborder, height, hspace, link, marginheight, marginwidth, noshade, nowrap, rules, size, text, valign, vspace, width	使用 CSS 样式表代替原属性
target, nohref, profile, version	停止使用
charset, scope	使用 HTTP Content-type 头元素
rev	rel 代替
shape, coords	使用 area 代替 a

2.4.3　全局属性

全局属性是 HTML5 中的一个新的概念，它适用于所有的元素，下面将介绍几个 HTML5 中比较常用的全局属性。

1. contentEditable 属性

该属性可设置值分别为 true 和 false。当 contentEditable 属性值设置为 true 时，设置该属性的元素处于可编辑状态，用户可任意编辑元素内部信息；当 contentEditable 属性值设置为 false 时，设置该属性的元素处于不可编辑状态。

一段使用 contentEditable 属性的示例代码如下。

```
<table id="myTable" border="1" contenteditable="true" width="50%">
    <tr>
```

```
            <td>姓名：</td>
            <td>张三</td>
        </tr>
        <tr>
            <td>年龄：</td>
            <td>28</td>
        </tr>
        <tr>
            <td>性别：</td>
            <td>男</td>
        </tr>
</table>
```

执行上述代码，在页面中得到的结果如图 2-11 所示。

本示例是在 table 元素上设置了 contentEditable 属性值为 true，从显示效果上看该属性并未对 table 元素起到什么作用。但是当鼠标左键单击 table 元素单元格时，可以直接编辑单元格中的内容。编辑后的结果如图 2-12 所示。

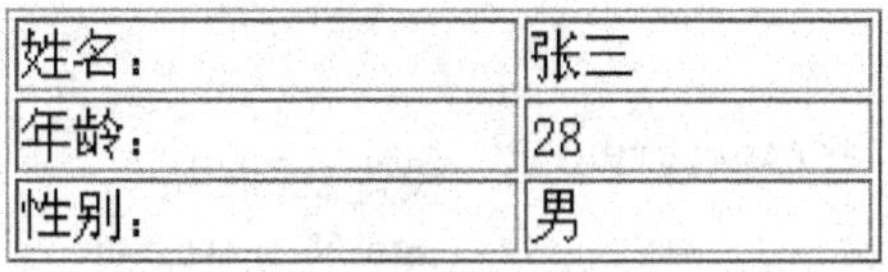

图 2-11　contentEditable 属性应用 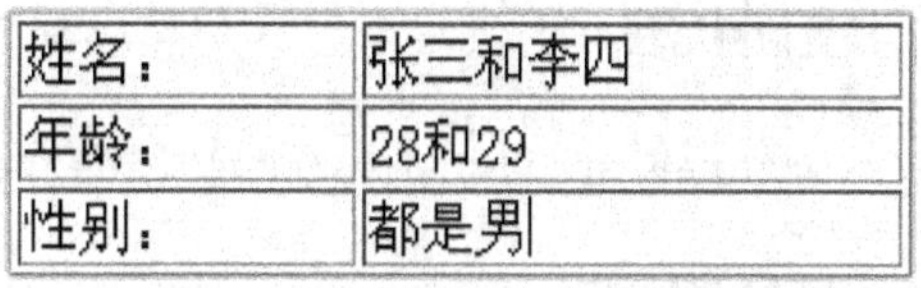　　　　图 2-12　contentEditable 属性作用效果

2. draggable 属性

该属性可设置值分别为 true 和 false。当 draggable 属性设置为 true 时，对应元素处于可拖曳状态；当 draggable 属性设置为 false 时，对应元素处于不可拖曳状态。

一段使用 draggable 属性的示例代码如下。

```
<table border="1" draggable="true">
    <tr>
        <td>这是一个可以拖动的表格</td>
    </tr>
</table>
```

执行上述代码，在表格区域内单击鼠标左键并进行拖曳操作，在页面中得到的结果如图 2-13 所示。

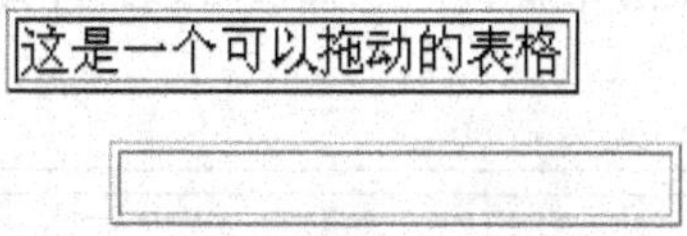

3. hidden 属性

该属性可设置的值分别为 true 和 false，在 HTML5 中绝大多数的元素都支持该属性设置。设置 hidden 属性为 true 时，设置该属性的元素在页面中处于不显示状态；设置 hidden 属性为 false 时，设置该属性的元素在页面中处于显示状态。

图 2-13　draggable 属性拖曳效果

一段使用 hidden 属性的示例代码如下。

```
<article id="myArticle">
    这是一段用于显示/隐藏的内容
</article>
<input type="button" value="hide" onclick="hide()">
<script>
function hide()
```

```
{
    var article = document.getElementById("myArticle");
    article.setAttribute("hidden",true);
}
</script>
```

执行上述代码，页面加载时"这是一段用于显示/隐藏的内容"会显示在页面中，如图 2-14 所示。当单击"hide"按钮时，"这是一段用于显示/隐藏的内容"被隐藏，如图 2-15 所示。

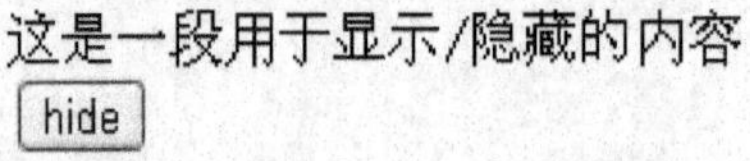

图 2-14　未单击"hide"按钮效果 　　　　图 2-15　单击"hide"按钮效果

4. spellcheck 属性

该属性可设置值分别为 true 和 false。当 spellcheck 属性设置为 true 时，对应输入框处于语法检测状态；当 spellcheck 属性设置为 false 时，对应输入框不处于语法检测状态。

一段使用 spellcheck 属性的示例代码如下。

```
设置检测语法
<br>
<textarea spellcheck="true" id="textarea1"></textarea>
<br>
设置不检测语法
<br>
<textarea spellcheck="false" id="textarea2"></textarea>
```

执行上述代码并在两个输入框内分别输入"Html55 testt test"后，第一个输入框由于设置检测语法，对单词的拼写错误，以红色波浪线给出提示，如图 2-16 所示。

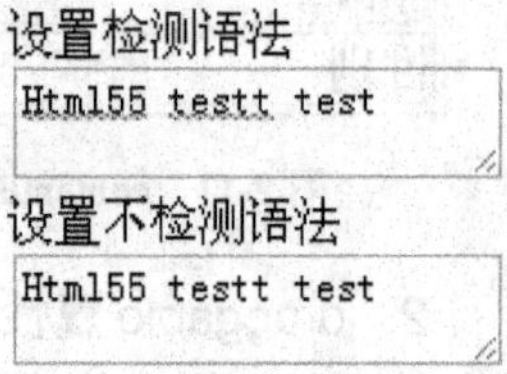

图 2-16　spellcheck 属性效果

小　结

本章通过 HTML4 与 HTML5 的属性、元素比较，介绍了 HTML5 新的语法结构、页面架构及元素和属性。掌握这些基础性知识点，将为后续的深入学习打下基础。

习　题

（1）HTML5 中用于实现页面架构的元素包括哪些？
（2）HTML5 通过哪个元素在页面中添加视频？
（3）创建一个页面，使用 HTML5 的 embed 元素引用一个本地 flash 文件。

第 3 章
HTML5 的表单

表单在页面中发挥着实现功能、展示页面元素的重要作用,因此无论是哪个版本的 HTML 都离不开表单。在 HTML4 中,表单包含的元素有限,导致其能够提供的功能十分有限。要想在 HTML4 中实现一些复杂的功能,往往需要 JavaScript 甚至其他更加复杂的插件与表单配合工作。然而在 HTML5 中,这一现状将得到很大改善,因为 HTML5 在 HTML4 的基础上丰富了表单元素,使得表单自身可以实现更加强大的功能。

本章将详细介绍 HTML5 中的表单构成、功能及使用方法。

3.1 新的 input 输入类型及属性

在 HTML5 中,input 元素在原有基础上增加了许多新的输入类型和属性,下面将分别介绍 input 元素的详细变化。

3.1.1 新的 input 输入类型

在 HTML4 中 input 元素作为一个基本的输入元素,主要用于在页面中为用户提供输入控件。但是 HTML4 提供的 input 元素输入类型十分有限,HTML5 为 input 元素新增了以下几种输入类型。

1. email 类型

在 HTML5 中将一个 input 元素的类型设置为 email 时,表明该输入框用于输入电子邮件地址。当页面加载时,该 input 元素对应文本框与其他类型文本框显示效果相同,但是仅限于输入电子邮件格式的字符串。当表单提交时,将会自动检测输入内容,如果用户输入非电子邮件格式字符串,将给出错误提示。

一段使用 email 类型的 input 元素的示例代码如下。

```
<!DOCTYPE html>
<html>
<meta charset="gb2312" />
<form>
    <fieldset>
        <legend>
            请输入有效电子邮箱
        </legend>
        <input type="email" id="inputEmail">
```

```
            <input type="submit" value="提交">
        </fieldset>
</form>
</html>
```
创建一个页面 email.html 并输入上述代码，保存并运行，得到的效果如图 3-1 所示。

图 3-1　email 类型 input 元素显示效果

在图 3-1 中输入框中输入错误格式的电子邮箱地址并单击"提交"按钮时，得到的效果如图 3-2 所示。

图 3-2　email 类型的 input 元素错误提示

对于 email 类型的 input 元素，如果添加了"multiple='true'"的属性后，该输入框将允许用户输入一个或多个电子邮箱地址。多个电子邮箱地址使用逗号（英文半角格式）分隔，且多个电子邮箱地址在表单提交时都会进行格式验证，如果任一电子邮箱地址格式不正确，用户将得到错误提示信息，如图 3-3 所示。

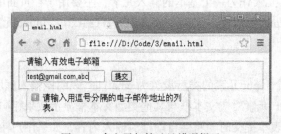

图 3-3　多电子邮箱地址错误提示

需要注意的是，email 类型的 input 元素默认并未对输入信息为空的情况进行处理。

2. 日期时间类型

HTML4 中通常是通过第三方 JavaScript 插件来为提供日期输入界面，而在 HTML5 中只需将一个 input 元素的类型设置为日期时间类型，即可在页面中生成一个日期时间类型的输入框。当用户单击对应日期输入框时，会弹出日期选择界面，选择日期后该界面自动关闭，并将用户选择具体日期填充在输入框中。

用户可设置的日期时间类型包括 date、week、month、time、datetime、datetime-local，各种类型对应的输入框界面及功能有所区别。

目前 Opera 浏览器对于各种日期时间类型的 input 元素都提供了较好的支持,而 Chrome 只提供了 date 类型的 input 元素的支持。为了演示日期时间类型 input 元素的执行效果,下面的示例将使用 Opera 浏览器运行。

一段使用日期时间类型的 input 元素的示例代码如下。

```
<!DOCTYPE html>
<html>
<meta charset="gb2312" />
<form>
    <fieldset>
        <legend>
            请输入有效时间
        </legend>
        <input type="time">
        <input type="datetime">
        <input type="datetime-local">
    </fieldset>
    <fieldset>
        <legend>
            请输入有效日期
        </legend>
        <input type="date">
    </fieldset>
    <fieldset>
        <legend>
            请输入有效星期
        </legend>
        <input type="week">
    </fieldset>
    <fieldset>
        <legend>
            请输入有效月份
        </legend>
        <input type="month">
    </fieldset>
</form>
</html>
```

创建一个页面 date.html 并输入上述代码,保存并运行,得到的效果如图 3-4 所示。

图 3-4 日期时间类型的 input 元素显示效果

通过图 3-4 所示的效果我们可以看出，不同的日期时间类型 input 元素，在页面中将会以不同形式进行显示。对于有下拉框格式的输入框，用户单击时将会弹出日历界面；对于有上下选择按钮的输入框，用户单击时对应文本框中将显示数字加减效果，如图 3-5 所示。

图 3-5 用户选择时间效果

HTML5 中的日期时间类型表单元素带来的好处是不言而喻的，开发人员不需要编写大量的编码即可轻松提升用户体验，与此同时，日期时间类型的 input 元素默认是不允许用户直接输入信息的，这在一定程度上也提升了程序的安全性。

3. range 类型

在 HTML5 中，当一个 input 元素的类型设置为 range 时，将在页面中生成一个区域选择控件，用于设置选择区域信息。

一段使用 range 类型的 input 元素的示例代码如下。

```html
<!DOCTYPE html>
<html>
<meta charset="gb2312" />
<script>
function getValue()
{
    var value = document.getElementById("rangeInput").value;
    var result = document.getElementById("result");
    result.innerText = value;
}
</script>
<form>
    <fieldset>
        <legend>
            请选择您的年龄
        </legend>
        <input id="rangeInput" type="range" min="0" max="100" onChange="getValue()">
        <span id="result"></span>
    </fieldset>

</form>
</html>
```

创建一个页面 range.html 并输入上述代码，保存并运行，得到的效果如图 3-6 所示。

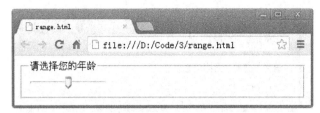

图 3-6 range 类型的 input 元素显示效果

当单击滑块并滑动时，显示效果如图 3-7 所示。

图 3-7 滑动滑块效果

4. search 类型

在 HTML5 中，当一个 input 元素的类型设置为 search 时，表明该输入框用于输入查询关键字。search 类型的 input 元素在页面中显示效果与普通 input 元素相似，且也用于接收输入字符串信息，但是显示效果与普通 input 元素有所区别。

一段使用 search 类型的 input 元素的示例代码如下。

```
<!DOCTYPE html>
<html>
<meta charset="gb2312" />
<form>
    <fieldset>
        <legend>
            请输入您要搜索的信息内容
        </legend>
        <input type="search">
        <input type="submit" value="提交">
    </fieldset>

</form>
</html>
```

创建一个页面 search.html 并输入上述代码，保存并运行，得到的效果如图 3-8 所示。

图 3-8 search 类型的 input 元素显示效果

在图 3-8 中的文本框输入搜索关键字时，输入文本框后面将显示叉号，单击叉号会自动清空输入框中的文本信息，如图 3-9 所示。

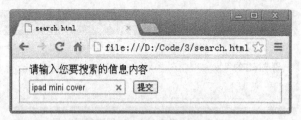

图 3-9 输入搜索信息显示效果

5. number 类型

number 类型的 input 元素在 HTML5 中，用于提供一个数字类型的文本输入控件。该元素在页面中生成的输入框只允许用户输入数字类型信息，并可通过该输入框后面的上、下调节按钮来微调输入数字大小。

一段使用 number 类型的 input 元素的示例代码如下。

```
<!DOCTYPE html>
<html>
<meta charset="gb2312" />
<form>
    <fieldset>
        <legend>
            请输入数字信息
        </legend>
        <input type="number">
        <input type="submit" value="提交">
    </fieldset>
</form>
</html>
```

创建一个页面 number.html 并输入上述代码，保存并运行，得到的效果如图 3-10 所示。

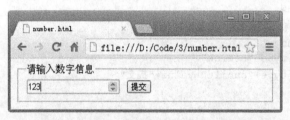

图 3-10 number 类型的 input 元素显示效果

由于 number 类型的 input 元素只允许输入数字类型文本信息，所以当用户输入其他类型信息，如字母、符号、汉字等，文本框将会自动清空。

6. url 类型

HTML5 中 input 元素的类型设置为 url 时，表示该 input 元素将生成一个只允许输入网址格式字符串的输入框。当页面加载时，该 input 元素对应文本框与其他类型文本框显示效果相同，但是仅限于输入网址格式的字符串。当表单提交时，将会自动检测输入内容，如果用户输入非网址格式字符串，将给出错误提示。

一段使用 url 类型的 input 元素的示例代码如下。

```
<!DOCTYPE html>
<html>
```

```
<meta charset="gb2312" />
<form>
    <fieldset>
        <legend>
            请输入有效网址信息
        </legend>
        <input type="url">
        <input type="submit" value="提交">
    </fieldset>
</form>
</html>
```

创建一个页面 url.html 并输入上述代码，保存并运行，得到的效果如图 3-11 所示。

图 3-11 url 类型的 input 元素显示效果

在图 3-11 中输入框中输入错误格式的网址并单击"提交"按钮时，得到的效果如图 3-12 所示。

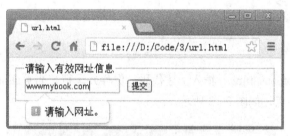

图 3-12 url 类型的 input 元素错误提示

url 类型的 input 元素与 email 类型的 input 元素相同，默认也不会对输入空信息进行处理。

3.1.2 新的 input 公用属性

HTML5 中除了增加了新的输入类型外，还增加了一些新的公共属性。

1. autofocus 属性

autofocus 属性主要用于设置在页面加载完毕时，页面中的控件是否自动获取焦点。所有的 input 元素都支持 autofocus 属性，该属性可设置值为 true（自动获取焦点）和 false（不自动获取焦点）。

一段使用 autofocus 属性的 input 元素的示例代码如下。

```
<!DOCTYPE html>
<html>
<meta charset="gb2312" />
<form>
    <fieldset>
        <legend>
```

```html
            请输入登录信息
        </legend>
        <table>
            <tr>
                <td>
                    用户名：
                </td>
                <td>
                    <input type="text" id="txtUserName" autofocus="true">
                </td>
            </tr>
            <tr>
                <td>
                    密码：
                </td>
                <td>
                    <input type="text" id="txtPassword">
                </td>
            </tr>
            <tr>
                <td colspan="2">
                    <input type="submit" value="提交">
                    <input type="reset" value="重置">
                </td>
            </tr>
        </table>
    </fieldset>
</form>
</html>
```

创建一个页面 autofocus.html 并输入上述代码，保存并运行，当页面加载完毕后，"用户名"对应输入框自动获得焦点，如图 3-13 所示。

图 3-13　autofocus 属性效果

2. pattern 属性

pattern 属性主要用于设置正则表达式，以便对 input 元素对应输入框执行自定义输入校验。前面小节介绍的 email、url 类型的 input 元素，其实也是基于正则表达式进行校验的，只不过已经由系统设置，无需用户单独设置。正则表达式的功能非常强大，用户可以通过编写个性化正则表达式实现复杂的逻辑校验。

一段使用 pattern 属性的 input 元素的示例代码如下。

```html
<!DOCTYPE html>
<html>
```

```html
<meta charset="gb2312" />
<form>
    <fieldset>
        <legend>
            请输入注册信息
        </legend>
        <table>
            <tr>
                <td valign="top">
                    用户名：
                </td>
                <td>
                    <input type="text" id="txtUserName" autofocus="true" pattern="^[a-zA-Z0-9]{6,}$">
                    <br>
                    <span style="color:red;font-size:12px">只允许输入英文和数字，且长度至少为 6 位</span>
                </td>
            </tr>
            <tr>
                <td valign="top">
                    年　龄：
                </td>
                <td>
                    <input type="text" id="txtAge" pattern="^[1-9]?[0-9]$">
                    <br>
                    <span style="color:red;font-size:12px">只允许输入 0-99 之间的整数</span>
                </td>
            </tr>
            <tr>
                <td colspan="2">
                    <input type="submit" value="提交">
                    <input type="reset" value="重置">
                </td>
            </tr>
        </table>
    </fieldset>
</form>
</html>
```

创建一个页面 pattern.html 并输入上述代码，保存并运行，如图 3-14 所示。

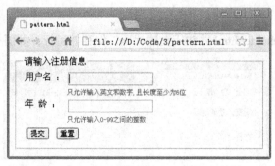

图 3-14　pattern 属性的 input 元素显示效果

在图 3-14 中的用户名及年龄文本框中分别输入不符合要求的信息并单击"提交"按钮,得到结果如图 3-15 所示。

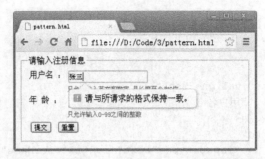

图 3-15　不符合 input 元素的 pattern 规则的错误提示

 正则表达式是一项非常重要且常用的技术,在实际开发过程中会有很多地方要用到正则表达式。但是对于初学者来说,要想真正掌握正则表达式的编写技能是一件很困难的事。对于常用的正则表达式,我们都可以在网上搜索得到,直接拿来使用。如果读者对正则表达式感兴趣,可以有针对性地深入学习,掌握正则表达式对今后的 HTML5 开发会有很大帮助。

3. placeholder 属性

placeholder 属性用于设置一个文本占位符,当 input 元素设置了 placeholder 属性值,页面加载完毕后,input 元素对应输入框内将显示 placeholder 属性设置的信息内容。当输入框获取焦点并有信息输入,输入框失去焦点后输入信息将代替原 placeholder 设置内容;当输入框获取焦点且没有信息输入,输入框失去焦点后将仍然显示原 placeholder 设置内容。

一段使用 placeholder 属性的 input 元素的示例代码如下。

```
<!DOCTYPE html>
<html>
<meta charset="gb2312" />
<form>
    <fieldset>
        <legend>
            请输入您的姓名
        </legend>
        姓名:
        <input type="text" placeholder="请输入姓名信息">
    </fieldset>
</form>
</html>
```

创建一个页面 placeholder.html 并输入上述代码,保存并运行,如图 3-16 所示。

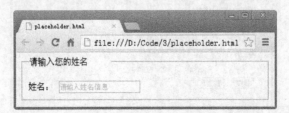

图 3-16　placeholder 属性的 input 元素显示效果

在图 3-16 中的姓名输入框中输入信息并单击网页其他地方，输入框内信息将被输入信息代替，如图 3-17 所示。

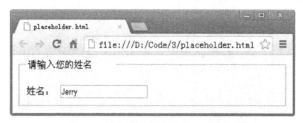

图 3-17 输入框内信息被输入信息替代

当我们删除输入框内信息并再次单击网页其他地方时，又会得到图 3-16 显示的效果。

4. required 属性

required 属性主要用于设置输入框是否必须输入信息，该属性可设置值分别为 true 和 false。当 input 元素的 required 属性设置为 true 时，提交表单时对应的输入框不允许为空；当 required 属性设置为 false 时，提交表单时对应的输入框允许为空。

一段使用 required 属性的 input 元素的示例代码如下。

```html
<!DOCTYPE html>
<html>
<meta charset="gb2312" />
<form>
    <fieldset>
        <legend>
            请填写个人信息
        </legend>
        <table>
            <tr>
                <td>
                    姓名：
                </td>
                <td>
                    <input type="text" autofocus="true" required="true">
                </td>
            </tr>
            <tr>
                <td>
                    年　龄：
                </td>
                <td>
                    <input type="text">
                </td>
            </tr>
            <tr>
                <td colspan="2">
                    <input type="submit" value="提交">
                    <input type="reset" value="重置">
                </td>
            </tr>
        </table>
    </fieldset>
```

```
</form>
</html>
```
创建一个页面 required.html 并输入上述代码,保存并运行,如图 3-18 所示。

图 3-18　设置 required 属性的 input 元素显示效果

不输入任何信息直接单击"提交"按钮,得到提示信息,如图 3-19 所示。

图 3-19　错误信息提示

3.2　表单的验证方式

HTML5 除了通过正则表达式(无论是内置的,如 email、url 类型,还是用户自定义的,如 pattern 属性)实现输入校验外,还提供了表单验证的方法和属性。下面将详细介绍 HTML5 中表单的验证方式。

3.2.1　自动验证方式

HTML5 表单自动验证主要是通过表单元素的属性设置来实现的。在 3.1.2 小节中介绍的 input 元素公用属性 required 以及 pattern,就是分别用来验证输入框是否为空以及输入信息是否符合设定正则表达式规则的。一旦 input 元素设置了自动验证相关的属性,在表单提交时就会自动对输入内容进行校验,并对有校验不通过的信息给出相应的错误提示信息。

除了上面介绍的 required 和 pattern 属性外,HTML5 中还有以下两个属性可用于自动验证。

1. min 属性和 max 属性

min 属性和 max 属性主要应用于数值类型或日期类型的 input 元素,用于限制输入框所能输入的数值范围。例如,对 numer 类型的 input 元素设置 min 和 max 属性,示例代码如下。

```
<!DOCTYPE html>
<html>
<meta charset="gb2312" />
<form>
```

```
    <fieldset>
        <legend>
            请输入数字信息
        </legend>
        <input type="number" min="0" max="100">
        <input type="submit" value="提交">
    </fieldset>
</form>
</html>
```

在这段代码中，设置了 number 类型的 input 元素允许输入数值范围为 0~100，保存上述代码并在浏览器中运行，当在输入框中分别输入 "-123" 和 "123" 并单击 "提交" 按钮时，得到错误提示信息分别如图 3-20 和图 3-21 所示。

图 3-20　输入值小于规定值

图 3-21　输入值大于规定值

2. step 属性

step 属性主要应用于数值型或日期型 input 元素，用于设置每次输入框内数值增加或减少的变化量。例如，对 number 类型的 input 元素设置 step 属性，示例代码如下。

```
<!DOCTYPE html>
<html>
<meta charset="gb2312" />
<form>
    <fieldset>
        <legend>
            请输入数字信息
        </legend>
        <input type="number" step="3">
        <input type="submit" value="提交">
    </fieldset>
</form>
</html>
```

在这段代码中，设置了 number 类型的 input 元素增加或减少的变化量为 3，保存上述代码并在浏览器中运行，当在输入框中输入 "112"；并单击 "提交" 按钮时，得到错误提示信息如图 3-22 所示。

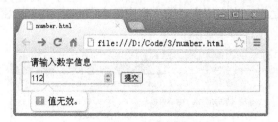
图 3-22　step 属性错误提示

由于设置了 step 属性的变化量为 3，所以输入框中输入的数字必须为 3 的倍数才会被认为是正确的输入格式。本例中输入的"112"不是 3 的倍数,所以在提交后系统给出了错误提示。

3.2.2 调用 checkValidity()方法实现验证

除了使用 HTML5 自带属性实现 input 元素输入信息校验外,还可以通过在 JavaScript 中调用 checkValidity()方法获取输入框信息判断是否通过校验。checkValidity()方法用于检验输入信息与规则是否匹配,如果匹配返回 true,否则返回 false。使用 checkValidity()方法的校验通常也被称为显示验证。使用 checkValidity()方法实现输入信息验证的示例代码如下。

```
<!DOCTYPE html>
<html>
<meta charset="gb2312" />
<script>
function checkEmail()
{
    var name = document.getElementById("txtUserName");
    var result = document.getElementById("result");
    var flag = name.checkValidity();
    if(flag)
    {
        result.innerHTML = "用户名格式正确";
    }
    else
    {
        result.innerHTML = "用户名格式不正确";
    }
}
</script>
<form>
    <fieldset>
        <legend>
            请输入您的用户名和密码信息
        </legend>
        用户名:
        <input type="text" id="txtUserName" onblur="checkEmail()"pattern="^[a-zA-Z0-9]{5,}$">
        <span id="result"></span>
        <br>
        密码:
        <input type="text" id="txtPassword">
    </fieldset>
</form>
</html>
```

上面代码中设置了用户名输入框,允许输入信息为长度大于等于 5 的字母和数字组合,保存上述代码并在浏览器中运行,当在用户名输入框中输入"tom"并单击密码输入框时,得到错误提示信息如图 3-23 所示。

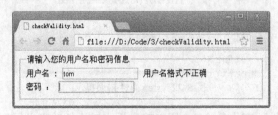

图 3-23 错误提示信息

当在用户名输入框中输入"jerry"并单击密码输入框时,得到正确提示信息如图 3-24 所示。

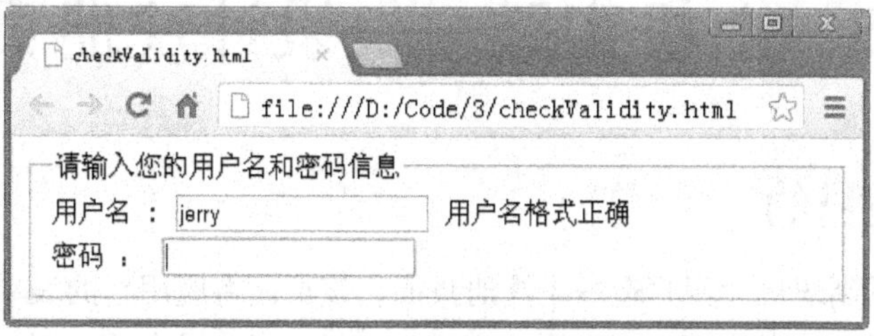

图 3-24 正确提示信息

3.2.3 自定义提示信息

对于那些设置了校验属性的 input 元素,当用户给出的输入信息不符合校验规则时,系统会给出自带的错误提示信息。但是在很多时候,自带的错误提示信息并不友好,HTML5 允许使用 setCustomValidity()方法自定义提示信息内容。setCustomValidity()方法与 checkvalidity()方法的用法相似,都是通过在 JavaScript 中调用实现的,调用格式为

```
input 元素的 DOM 对象.setCustomValidity('自定义提示信息内容')
```

3.2.4 设置不验证

通常情况下 HTML5 会在表单提交时,对设置了输入校验的表单元素逐一进行输入格式校验,当所有输入信息都符合预设条件时才允许提交数据。然而在一些特殊情况,可能不需要校验输入信息而直接提交表单数据,此时就要用到 HTML5 为表单提供的 novalidate 属性。该属性用于取消表单全部元素的验证。一段使用 novalidate 属性的示例代码如下。

```
<!DOCTYPE html>
<html>
<meta charset="gb2312" />
<form novalidate="true">
    <fieldset>
        <legend>
            请输入登录信息
        </legend>
        电子邮箱:
        <input type="email" id="txtEmail">
        <br>
        密码:
        <input type="password" id="txtPassword">
        <br>
        <input type="submit" value="提交">
    </fieldset>
</form>
</html>
```

上面代码中设置了电子邮箱输入框输入类型为"email",同时设置了不对表单提交信息内容进行校验,保存上述代码并在浏览器中运行,当在电子邮箱输入框中输入"jerry"并提交时,系统并未给出错误提示信息。

3.3 上机实践——设计注册页面

3.3.1 实践目的

使用 HTML5 的新表单元素打造一个注册页面，该页面将应用新的表单元素及表单的输入验证。通过本上机实践，读者能够熟练掌握 HTML5 中新增表单元素的应用，以及表单验证方法的使用。

3.3.2 设计思路

一个相对完善的注册页面应该提供用户身份信息和用户个人信息两种用户信息。用户登录信息包括用户名、密码、邮箱，用户身份信息包括姓名、性别、出生年月日、住址等。同时对于用户各个输入信息，还应该进行输入合法性的校验。

根据以上分析，我们设定设计步骤如下。
（1）使用 HTML5 表单原色设计页面基本结构。
（2）添加各表单验证方法。

3.3.3 实现过程

根据上面的分析，我们设计代码如下。

```
<!DOCTYPE html>
<html>
<meta charset="gb2312" />
<script>
//验证密码强度
function checkStrength()
{
    var strength = document.getElementById("strength");
    var psw1 = document.getElementById("psw1").value;
    var length = psw1.length;
    if (length>=1&&length<3)
    {
        strength.innerHTML="弱";
    }
    else if(length>=3&&length<6)
    {
        strength.innerHTML="中";
    }
    else
    {
        strength.innerHTML="强";
    }
}
//验证两次输入密码是否一致
function checkPSW()
{
```

```
            var psw1 = document.getElementById("psw1").value;
            var psw2 = document.getElementById("psw2").value;
            var pswInfo = document.getElementById("pswInfo");
            if(psw1!=psw2)
            {
                pswInfo.innerHTML='两次输入的密码必须一致';
            }
    }
    //注册方法
    function reg()
    {
        var username = document.getElementById("username").value;
        var email = document.getElementById("email").value;
        var gender = document.getElementById("gender").value;
        var birth = document.getElementById("birth").value;
        var address = document.getElementById("address").value;
        if(document.getElementById("username").checkValidity()//判断用户名是否通过校验
          &&document.getElementById("psw1").checkValidity()//判断密码是否通过校验
          &&document.getElementById("psw2").checkValidity()//判断重复密码是否通过校验
          &&document.getElementById("email").checkValidity()//判断电子邮箱是否通过校验
          &&document.getElementById("birth").checkValidity()//判断生日是否通过校验
          &&document.getElementById("address").checkValidity()//判断地址是否通过校验
        )
        {
            alert(
                '确认注册信息\n'+
                '用户名：'+username+'\n'+
                '电子邮箱：'+email+'\n'+
                '性别：'+gender+'\n'+
                '生日：'+birth+'\n'+
                '住址：'+address+'\n'
            )
        }
    }
</script>
<form>
<fieldset>
<legend>用户注册页面</legend>
<center>
<div style="padding:5px;width=600px">
    <h4>用户登录信息</h4>
    <table width='100%'>
        <tr>
            <td width='20%'>用户名</td>
            <td width='40%'><input id="username" type="text" required="true"/></td>
            <td width='40%'><font color="red">*</font></td>
        </tr>
        <tr>
            <td>邮箱</td>
            <td><input id="email" type="email" required="true"/></td>
            <td><font color="red">*</font></td>
```

```html
            </tr>
            <tr>
                <td>密码</td>
                <td><input id="psw1" type="password" required="true" onkeyup="checkStrength()"/></td>
                <td><font color="red">*</font> <span id="strength"></span></td>
            </tr>
            <tr>
                <td>确认密码</td>
                <td><input id="psw2" type="password" required="true" onblur="checkPSW()"/></td>
                <td><font color="red">*</font> <span id="pswInfo"></span></td>
            </tr>
        </table>
    </div>
    <div style="margin-top:10px;margin-bottom:20px">
        <h3>用户基本信息</h3>
        <table width='100%'>
            <tr>
                <td width='20%'>性别</td>
                <td width='40%'>
                    <select id="gender">
                        <option value="男">男</option>
                        <option value="女">女</option>
                        <option value="其他">其他</option>
                    </select>
                </td>
                <td width='20%'> </td>
            </tr>
            <tr>
                <td>出生年月</td>
                <td><input id="birth" type="date" /></td>
                <td> </td>
            </tr>
            <tr>
                <td>住址</td>
                <td><input id="address" type="text"/></td>
                <td> </td>
            </tr>
        </table>
    </div>
    <input type="submit" value="注册新用户" onclick="reg()">
    <input type="reset" value="重置">
    </center>
    </fieldset>
    </form>
</html>
```

3.3.4 演示效果

保存上面的代码并在浏览器中运行，显示注册页面如图 3-25 所示。

此注册页面中，用户名、邮箱、密码、确认密码项是必填字段，当这 4 个输入文本框中输入的信息不能通过校验时，将无法继续注册流程。当用户输入正确信息后，单击"注册新用户"按钮时，显示注册信息，如图 3-26 所示。

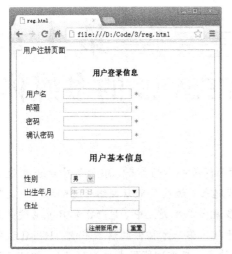

图 3-25　用户注册界面

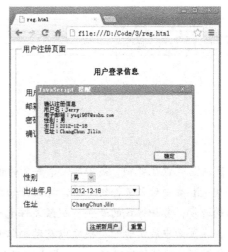

图 3-26　确认注册信息

小　结

本章主要介绍了 HTML5 中表单的变化，主要包括新的 input 输入类型、input 属性以及表单的验证方式。表单是网页开发中非常重要的组成部分，掌握 HTML5 表单的基础用法，是后续深入学习的重要基础之一。

习　题

（1）HTML5 中新增了哪几种 input 类型？
（2）要想使 HTML5 中某个输入框在页面加载时获取焦点该如何实现？
（3）在 HTML5 中使用 pattern 属性有什么作用？
（4）编写一个校园网注册页面，包括用户名、电子邮箱、学号，并要求做以下校验设置：
① 用户名必须为英文和数字组合，且长度大于 6 位；
② 电子邮箱格式必须正确；
③ 学号为数字。

第 4 章 HTML5 的多媒体

HTML 在诞生之初，完全是一个静态的世界，后来随着版本的更新，添加了对 midi 类型声音文件及 gif 类型动画文件的支持，页面开始变得活泼起来。近些年随着网络带宽的增大以及压缩技术的进步，各种格式的音频、视频文件也越来越多地出现在页面中。HTML4 只能通过第三方插件，在页面中展示音频、视频以及动画信息。由于使用第三方插件的诸多不便，HTML5 中开始提供音频、视频的标准接口。使用 HTML5 的相关技术，只需浏览器支持 HTML5，即可不再通过其他任何插件直接播放音频、视频文件。

4.1 HTML5 的多媒体元素

HTML5 中主要增加了两个新的多媒体元素：video 和 audio。从字面意思可以知道，video 元素是与视频相关的，用于在页面中播放视频文件；audio 元素是与音频相关的，用于在页面中播放音频文件。在前面章节中，我们已经简单介绍了这两个新增的多媒体元素，并给出了基本的应用效果，本章将详细介绍这两个元素的属性、事件及使用。

4.2 多媒体元素的属性

4.2.1 autoplay 属性

该属性用于设置指定的媒体文件，在页面加载完毕后是否自动播放。对于有的页面来说，所包含的视频或音频信息，不需要得到用户指令就可以直接播放。例如，页面内的宣传片、广告信息等，可以在对应的多媒体元素上添加 autoplay 属性的设置达到媒体自动播放的效果。

使用 autoplay 属性的示例代码如下。

```
<!DOCTYPE html>
<html>
<meta charset="gb2312" />
<video id="myvideo" src="video/4_1.mp4" autoplay="true">
</video>
<audio id="myaudio" src="audio/4_2.mp3" autoplay="true">
</audio>
</html>
```

此段代码中，分别添加了一个 video 视频元素和一个 audio 音频元素，并将它们的 autoplay 属性设置为 true。当该页面打开时，视频和音频会同时开始播放。

4.2.2 controls 属性

该属性用于在页面播放器面板上，显示一个元素自带的控制按钮工具栏。工具栏中提供了播放/暂停按钮、播放进度条、静音开关，对于不同的浏览器，该工具栏样式可能会有所区别。

使用 controls 属性的示例代码如下。

```
<!DOCTYPE html>
<html>
<meta charset="gb2312" />
<video id="myvideo" src="video/4_1.mp4" controls="true">
</video>
<br>
<br>
<audio id="myaudio" src="audio/4_2.mp3" controls="true">
</audio>
</html>
```

此段代码分别为 video 及 audio 元素添加了 controls 属性设置。保存上述代码并在浏览器中运行，得到的效果如图 4-1 所示。

图 4-1　controls 属性显示工具条效果

图 4-1 是在 Chrome 浏览器中的显示效果，其中上面部分显示的是 video 元素生成的视频控件，下面部分为 audio 元素生成的音频控件。

4.2.3 error 属性

该属性是一个只读属性，用于当多媒体元素加载或读取媒体文件过程中出现错误或异常时，返回一个错误对象 MediaError，用于指示错误类型。错误对象 MediaError 提供的返回值及说明如表 4-1 所示。

表 4-1　　　　　　　　　　　　MediaError 返回值说明

字符常量	返回值	说　明
MEDIA_ERR_ABORTED	1	读取或加载媒体文件过程中出现错误或异常而放弃操作
MEDIA_ERR_NETWORK	2	网络错误，通常用于读取或加载指定网络地址的媒体文件

字符常量	返回值	说明
MEDIA_ERR_DECODE	3	指定的媒体资源不可用，通常由于缺少对应的解码器
MEDIA_ERR_SRC_NOT_SUPPORTED	4	没有可以播放的媒体格式

使用 error 属性获取错误信息的示例代码如下。

```
<!DOCTYPE html>
<html>
<meta charset="gb2312" />
<script>
function show()
{
    var video = document.getElementById("myvideo");
    var errorCode = video.error.code; // 获取 MediaError 返回值
    if(errorCode=="1")
    {
        alert("读取或加载媒体文件出错！");
    }
    else if(errorCode=="2")
    {
        alert("网络资源不可用！");
    }
    else if(errorCode=="3")
    {
        alert("解码错误！");
    }
    else
    {
        alert("不支持的媒体格式！");
    }
}
</script>
<video id="myvideo" src="video/4_12.txt" controls="true" onError="show()">
</video>
</html>
```

此段代码中，为 video 元素指定了一个 txt 类型的文件作为媒体文件，显然这是一个错误的媒体格式。保存上述代码并在浏览器中运行，得到的结果如图 4-2 所示。

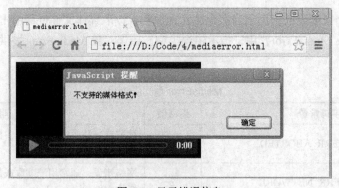

图 4-2 显示错误信息

4.2.4 poster 属性

该属性用于指定一个图片路径，该图片将占据 video 元素对应视频控件在网页中的位置，并在播放 video 元素指定媒体文件之前显示，或者当播放出错时显示错误的信息。使用 poster 属性的示例代码如下。

```
<!DOCTYPE html>
<html>
<meta charset="gb2312" />
<video id="myvideo" src="video/4_1.mp4" controls="true" poster="error.jpg">
</video>
</html>
```

保存此段代码并在浏览器中运行，得到的效果如图 4-3 所示。

图 4-3 poster 属性显示效果

图 4-3 中所显示的图片就是 poster 属性设定的图片。由于我们没有设置视频自动播放，所以 poster 属性指定的图片被显示在页面中。当我们单击播放按钮后，将开始正式播放视频内容，如图 4-4 所示。

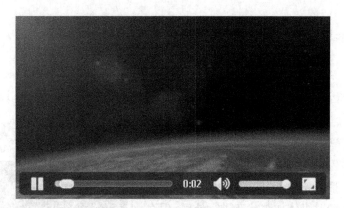

图 4-4 开始播放视频

4.2.5 networkState 属性

该属性用于返回加载媒体文件的网络状态。在浏览器加载媒体文件时，通过调用 onProgress 事件获取当前网络状态值。networkState 提供的返回值及说明如表 4-2 所示。

表 4-2　　　　　　　　　　　　　networkState 返回值说明

字符常量	返回值	说　　明
NETWORK_EMPTY	0	媒体文件加载初始化阶段
NETWORK_IDLE	1	媒体文件加载成功，等待播放请求阶段
NETWORK_LOADING	2	媒体文件正在加载阶段
NETWORK_NO_SOURCE	3	媒体文件加载错误，可能由于不支持的媒体编码格式

使用 networkState 属性获取错误信息的示例代码如下。

```
<!DOCTYPE html>
<html>
<meta charset="gb2312" />
<script>
function checkProgress()
{
    var video = document.getElementById("myvideo");
    var state = video.networkState; // 获取媒体加载状态
    var result = document.getElementById("result");
    if (state=="0")
    {
        result.innerHTML="媒体信息正在初始化";
    }
    else if (state=="1")
    {
        result.innerHTML="媒体加载完毕，请单击播放";
    }
    else if (state=="2")
    {
        result.innerHTML="正在加载媒体信息";
    }
    else
    {
        result.innerHTML="媒体加载失败";
    }
}
</script>
<video id="myvideo" src="video/4_1.mp4" onProgress="checkProgress()"controls="true"></video>
<p>
<span id="result"></span>
</p>
</html>
```

此段代码中，通过 onProgress 指定的 JavaScript 方法 checkProgress()对媒体加载状态进行处理。保存上述代码并在浏览器中运行，得到的结果如图 4-5 所示。

由于本例中加载的资源为本地资源，所以很快即可完成加载。如果通过媒体资源链接加载网络上的媒体文件，此属性的作用将非常明显。

图 4-5　networkState 属性执行效果

4.2.6 width 与 height 属性

这两个属性主要用于设置媒体控件在页面中显示的大小，单位为像素，只适用于 video 元素。对于 video 元素来说如果未指定宽度和高度属性，该元素对应控件在浏览器中将默认以媒体元素大小进行显示。

使用 width 属性的示例代码如下。

```
<!DOCTYPE html>
<html>
<meta charset="gb2312" />
<fieldset>
<legend>
    使用原始大小进行播放
</legend>
<video id="myvideo" src="video/4_1.mp4" controls="true">
</video>
</fieldset>
<fieldset>
<legend>
    使用设定值大小进行播放
</legend>
<video id="myvidio2" src="video/4_1.mp4" controls="true" width="300">
<video>
</fieldset>
</html>
```

此段代码中，myvideo 元素默认使用原始视频大小进行显示，myvideo2 元素页面控件宽度设置为 300 像素，同时高度也将按照设定宽度与原始宽度比例进行缩减。保存上述代码并在浏览器中运行，得到的结果如图 4-6 所示。

图 4-6　width 属性显示效果

4.2.7 readyState 属性

该属性用于返回播放器当前媒体文件的播放状态。当媒体文件开始播放时，通过调用 onPlay

事件获取当前媒体播放状态值。readyState 提供的返回值及说明如表 4-3 所示。

表 4-3　　　　　　　　　　　　　readyState 返回值说明

字符常量	返回值	说　　明
HAVE_NOTHING	0	未获取到媒体信息，当前没有可播放的媒体文件
HAVE_METADATA	1	已获取到媒体信息，但媒体数据无效，无法播放
HAVE_CURRENT_DATA	2	已获取到媒体信息，且无法继续播放后续媒体信息
HAVE_FUTURE_DATA	3	已获取到媒体信息，且可以继续播放后续媒体信息
HAVE_ENOUGH_DATA	4	已获取到媒体信息，且获取信息量满足当前播放速度

从 readyState 的返回值我们可以看出，该属性主要针对媒体资源为网络媒体时，返回媒体获取进度，用于控制播放。使用 readyState 属性的示例代码如下。

```
<!DOCTYPE html>
<html>
<meta charset="gb2312" />
<script>
function checkLoad()
{
    var video = document.getElementById("myvideo");
    var state = video.readyState;
    var result = document.getElementById("result");
    if (state=="0")
    {
        result.innerHTML="无可播放媒体";
    }
    else if (state=="1")
    {
        result.innerHTML="无法播放媒体信息";
    }
    else if (state=="2")
    {
        result.innerHTML="无法获取后续媒体信息";
    }
    else if (state=="3")
    {
        result.innerHTML="已获取后续媒体信息，正常播放";
    }
    else
    {
        result.innerHTML="已充分获取媒体信息资源";
    }
}
</script>
<video id="myvideo" src="video/4_1.mp4" onPlay="checkLoad()" controls="true">
</video>
<p>
<span id="result"></span>
</p>
</html>
```

保存上述代码，并在浏览器中运行，当媒体加载完毕后，单击播放按钮，得到的效果如图 4-7 所示。

图 4-7 readyState 属性效果

4.2.8 其他属性

除了上述介绍的属性外，HTML5 还提供了其他多媒体相关的属性。

1. played、paused、ended 属性

通过多媒体元素的 played 属性，可以获取当前播放媒体文件已播放的时长信息。通过调用 played 属性的 TimeRangeds 对象，可以获取当前播放文件的开始时间和结束时间信息。

通过多媒体元素的 paused 属性，可以获取当前播放器的播放状态。该属性返回值为 true 时，表示当前播放器处于暂停状态；该属性返回值为 false 时，表示当前播放器处于等待播放或正在播放状态。

通过多媒体元素的 ended 属性，可以获取当前播放文件是否播放完毕。该属性返回值为 true 时，表示当前播放文件已经播放完毕；该属性返回值为 false 时，表示当前播放文件没有播放完毕。

2. defaultPlaybackRate、playbackRate 属性

defaultPlaybackRate 属性用于控制播放器默认媒体播放速度，该属性初始值为 1。如果修改 defaultPlaybackRate 的属性值，可以改变默认媒体播放速度。

playbackRate 属性用于控制播放器当前媒体播放速度，该属性初始值为 1。如果修改 playbackRate 的属性值，可以改变当前媒体播放速度，实现快放、慢放的特殊播放效果。

3. volume、muted 属性

volume 属性用于控制播放器播放媒体时的音量。该属性的取值范围为 0~1，当 volume 取值为 0 时，播放器使用最低音量播放；当 volume 取值为 1 时，播放器使用最高音量播放。可以在 volume 规定范围内，修改设定值实现调节播放器播放声音大小的功能。

muted 用于控制播放器是否静音。当 muted 属性值设置为 true 时，播放器静音；当 muted 属性值设置为 false 时，取消播放器静音。

4.3 多媒体元素的方法

前面已经介绍过，HTML5 可以通过设置多媒体元素的 controls 属性，来显示默认播放控制工

具条。除了使用默认工具条控制播放外,HTML5 还允许开发人员调用多媒体元素的相关播放方法控制播放。

4.3.1 多媒体支持性检测方法

由于目前不同浏览器支持的多媒体格式有所不同,所以在加载多媒体文件之前,首先应该检测应用浏览器是否支持当前待播放多媒体的格式。就目前而言 HTML5 所支持的视频格式主要包括以下 6 种。

1. Theora

Theora 是开放而且免费的视频压缩编码技术,由 Xiph 基金会发布。作为该基金会 Ogg 项目的一部分,从 VP3 HD 高清到 MPEG-4/DiVX 格式都能够被 Theora 很好地支持。而且使用 Theora 无需任何专利许可费,Firefox 和 Opera 将通过新的 HTML5 元素提供对 Ogg/Theora 视频的原生支持。

2. Ogg

Ogg 的全称应该是 OGG Vorbis,这是一种新的音频压缩格式,类似于 MP3 等现有的音乐格式。但有一点不同,它是完全免费、开放而且没有专利限制的。OGG Vorbis 有一个很出众的特点,就是支持多声道,随着它的流行,以后用随身听来听 DTS 编码的多声道作品将不再是梦想。Vorbis 是这种音频压缩机制的名字,而 Ogg 则是一个计划的名字,该计划意图设计一个完全开放的多媒体系统。目前该计划只实现了 OggVorbis 这一部分。Ogg Vorbis 文件的扩展名是.OGG,这种文件的格式设计是非常先进的。现在创建的 OGG 文件可以在未来的任何播放器上播放,因此,这种文件格式可以不断地进行大小和音质的改良,而不影响旧有的编码器或播放器。

3. VP8

VP8 是视频压缩解决方案厂商 On2 Technologies 公司推出的最新的视频压缩格式,全称为 On2 VP8。On2 VP8 是第八代的 On2 视频,它能以更少的数据提供更高质量的视频,而且只需较小的处理能力即可播放视频,为致力于实现产品及服务差异化的网络电视、IPTV 和视频会议公司提供理想的解决方案。

4. AAC

AAC(Advanced Audio Coding,高级音频编码)诞生于 1997 年,是一种基于 MPEG-2 的音频编码技术。由 Fraunhofer IIS、杜比实验室、AT&T、Sony(索尼)等公司共同开发,目的是用来取代 MP3 格式。2000 年,MPEG-4 标准出现后,AAC 重新集成了其特性,加入了 SBR 技术和 PS 技术,为了区别于传统的 MPEG-2,AAC 又称为 MPEG-4 AAC。

5. H.264

H.264 同时也是 MPEG-4 第十部分,是由 ITU-T 视频编码专家组(VCEG)和 ISO/IEC 动态图像专家组(MPEG)联合组成的联合视频组(Joint Video Team,JVT)提出的高度压缩数字视频编解码器标准。H.264 是 ITU-T 以 H.26x 系列为名称命名的标准之一,同时 AVC 是 ISO/IEC MPEG 一方的称呼。这个标准通常被称为 H.264/AVC(或者 AVC/H.264 或者 H.264/MPEG-4 AVC 或 MPEG-4/H.264 AVC),该名称明确地说明了它两个方面的开发者。该标准最早来自于 ITU-T 的称为 H.26L 的项目开发。H.26L 这个名称虽然不太常见,但是一直被使用。

6. WebM

WebM 由 Google 提出,是一个开放、免费的媒体文件格式。WebM 影片格式其实是以 Matroska(即 MKV)容器格式为基础开发的新容器格式,里面包括了 VP8 影片轨和 Ogg Vorbis 音轨,其中 Google 将其拥有的 VP8 视频编码技术以类似 BSD 授权开源,Ogg Vorbis 本来就是开放格式。

WebM 标准的网络视频更加偏向于开源并且是基于 HTML5 标准的，WebM 项目旨在对每个人都提供开放的网络开发高质量、开放的视频格式，其重点是解决视频服务这一核心的网络用户体验。Google 说 WebM 的格式相当有效率，可以在 netbook、tablet、手持式装置等设备上面流畅地使用。

各主流浏览器支持的多媒体文件格式如表 4-4 所示。

表 4-4　　　　　　　　　　　　浏览器支持多媒体格式说明

浏　览　器	版　　本	支持多媒体格式
IE6/IE7/IE8	所有版本	不支持
IE9/IE10	所有版本	支持 Theora 和 Ogg Vorbis、VP8 和 Vorbis、WebM 格式
Chrome	3.0 及以上版本	支持 Theora 和 Ogg Vorbis、H.264 和 MPEG 4 AAC
Firefox	3.5 及以上版本	支持 Theora 和 Ogg Vorbis
Opera	10.5 及以上版本	支持 Theora 和 Ogg Vorbis、VP8 和 Vorbis、WebM 格式
Safari	3.2 及以上版本	支持 H.264 和 MPEG 4 AAC 格式

对于上面介绍的多种多媒体格式，以及浏览器对不同格式的支持性差异，可能会让读者觉得混乱。为此，HTML5 中提供了 canPlayType()方法，专门用于浏览器对媒体的支持性检测。该方法应用格式为

```
canPlayType(type)
```

其中，type 参数为要检测的多媒体类型，可以为音频格式和视频格式。该方法执行后返回值有三种类型。

（1）空字符：表示应用浏览器不支持当前待播放的媒体文件格式。

（2）maybe：表示不确定应用浏览器是否能够支持当前待播放的媒体文件格式。

（3）probably：表示应用浏览器支持当前待播放的媒体文件格式。

使用 canPlayType()方法的示例代码如下。

```
<!DOCTYPE html>
<html>
<meta charset="gb2312" />
<script>
function chekSupportType()
{
    //定义多媒体格式数组
    var typeArray = new Array(
        'audio/mpeg;',
        'audio/mov;',
        'audio/mp4;codecs="mp4a.40.2"','video/mp44;codecs="avc1.42E01E,
mp4a.40.2"',
        'audio/ogg;codecs="vorbis"','video/ogg;codecs="theora, vorbis"',
        'video/webm;codecs="vp8,vorbis"',
        'audio/wav;codecs="1"'
    );
    var video = document.getElementById("myVideo");
    var result = document.getElementById("result");
    var returnString = "";
    //遍历 typeArray 数组逐一进行检测
    for(i=0 ; i<typeArray.length ; i++)
    {
```

```
                //调用canPlayType方法检查浏览器是否支持对应多媒体格式
                var temp = video.canPlayType(typeArray[i]);
                switch(temp)
                {
                    case "":
                        returnString += typeArray[i]+" : 不支持";
                        returnString +="<br>";
                        break;
                    case "maybe":
                        returnString += typeArray[i]+" : 可能支持";
                        returnString +="<br>";
                        break;
                    case "probably":
                        returnString += typeArray[i]+" : 支持";
                        returnString +="<br>";
                        break;
                }
            }
        //显示检测结果
        result.innerHTML=returnString;
    }
    </script>
    <fieldset>
    <legend>浏览器对多媒体格式支持性检测</legend>
    <video id="myVideo" controls="true" src="video/4_1.mp4"></video>
    <br>
    <span id="result"></span>
    </fieldset>
    <button onclick="chekSupportType()">开始检测</button>
    </html>
```

保存上述代码，并分别在 Chrome 浏览器以及 Opera 浏览器中进行检测，得到的结果分别如图 4-8 和图 4-9 所示。

图 4-8　Chrome 浏览器对多媒体格式支持性检测结果

第 4 章 HTML5 的多媒体

图 4-9 Opera 浏览器对多媒体格式支持性检测结果

4.3.2 多媒体播放方法

HTML5 的多媒体元素还提供了 3 个与播放相关的方法：load、play 以及 pause。下面详细介绍这 3 个方法的作用及用法。

1. load 方法

该方法用于重新加载待播放的媒体文件。调用 load 方法时，会自动将多媒体元素的 playbackRate 属性设置为 defaultPlaybackRate 属性的值，同时将 error 属性值设置为 null。

2. play 方法

该方法用于播放媒体文件。调用 play 方法时，会自动将元素 paused 的属性设置为 false。

3. pause 方法

该方法用于暂停播放媒体文件。调用 pause 方法时，会自动将元素的 paused 属性设置为 true。

由于 HTML5 提供了上述介绍的 3 种播放相关的方法，使得开发人员可以不依赖媒体播放器原生控制工具条，可以自主开发工具控制播放。

下面通过一个例子，介绍 load、play 及 pause 方法的具体应用。示例代码如下。

```
<!DOCTYPE html>
<html>
<meta charset="gb2312" />
<script>
function loadVideo()
{
    var video = document.getElementById("myVideo");
    video.load(); // 调用 load 方法
}
function playVideo()
{
    var video = document.getElementById("myVideo");
    video.play(); // 调用 play 方法
}
function pauseVideo()
```

```
{
    var video = document.getElementById("myVideo");
    video.pause();  // 调用 pause 方法
}
</script>
<fieldset>
<legend>load,play,pause 方法应用</legend>
<video id="myVideo" src="video/4_1.mp4"></video>
<br>
<button onclick="loadVideo()">Load</button>
<button onclick="playVideo()">Play</button>
<button onclick="pauseVideo()">Pause</button>
</fieldset>
</html>
```

保存上述代码并在浏览器中运行，得到的结果如图 4-10 所示。

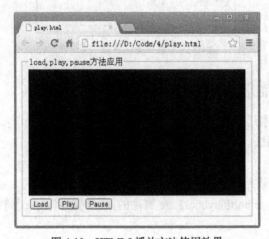

图 4-10　HTML5 播放方法使用效果

当单击 Play 按钮时，视频开始播放；当单击 Pause 按钮时，视频暂停播放；单击 Load 按钮后再单击 Play 按钮时，视频将从头开始播放。

4.4　多媒体元素的事件

在 HTML5 中，当多媒体元素 video 和 audio 在读取或播放媒体文件的过程中，会触发一系列的事件。通过使用 JavaScript 捕捉相应事件，就可以对这些事件进行相应的处理。

4.4.1　事件捕捉方法

有两种方法可以捕捉 HTML5 多媒体元素的事件。

1. 监听的方式

使用 video 或 audio 元素的 addEventListener 方法可以对当前设定多媒体元素的事件进行监听，当事件触发时，可以进行相应操作。使用 addEventListener 方法的格式如下：

多媒体元素 dom 对象.addEventListener(type,listener,useCapture);

该方法的参数说明如下。

(1) type 为捕捉事件的名称。
(2) listener 为绑定的函数。
(3) useCapture 为事件的响应顺序。该参数为布尔型，如果赋值为 true，则浏览器采用 Capture 响应方式；如果赋值为 false，则浏览器采用 bubbing 响应方式。默认赋值为 false。

2. 获取事件句柄

这是一种比较常见的方式，通过在多媒体元素中使用 onPlay、onPause 等句柄获取事件，同时在指定的 JavaScript 方法中编写处理代码。

4.4.2 支持的事件类型

HTML5 提供了例如请求加载、开始加载、开始播放、暂停播放等一系列的多媒体播放事件，通过对这些事件的跟踪，可以方便获取多媒体文件在各阶段的实时状态，并可做出相应处理。

HTML5 提供的多媒体元素相关事件及说明如表 4-5 所示。

表 4-5　　　　　　　　　　　　　多媒体元素相关事件说明

事件名称	说　　明
loadstart	开始加载多媒体文件
progress	正在获取多媒体文件
suspend	暂停获取多媒体文件，下载过程没有正常结束
abort	中止获取多媒体文件，没有完全获取多媒体数据，不是由于错误导致中止
error	获取多媒体文件过程中出现错误
emptied	网络状态变为未初始化状态，由于多媒体载入过程中出现致命错误，或 load 方法被调用
stalled	浏览器尝试获取媒体信息失败
play	准备完毕即将播放
pause	暂停播放
loadedmetadata	浏览器获取多媒体文件播放时长及字节数完毕
loadeddata	浏览器获取多媒体文件完毕
waiting	由于还未能获取下一帧多媒体信息而暂停播放，等待获取下一帧信息
playing	正在播放多媒体文件
canplay	满足播放多媒体文件条件，但获取多媒体数据速度小于播放速度将导致播放多媒体文件期间出现缓冲
canplaythrough	满足播放多媒体文件条件，且获取多媒体数据速度与播放速度相当，播放多媒体文件期间不会出现缓冲
seeking	正在请求多媒体数据信息
seeked	停止请求多媒体数据信息
timeupdate	当前播放时间改变，正常播放、快进、拖动播放进度条等都会触发此事件
ended	多媒体文件播放结束后停止播放
ratechange	默认播放速度改变或当前播放速度改变
durationchange	多媒体文件播放时长改变
volumechange	播放音量改变

4.4.3 播放事件的应用

通过前一小节的介绍，我们发现 HTML5 提供的多媒体元素事件涵盖了从多媒体文件加载到多媒体文件播放结束整个过程中可能会发生的各种情况。下面通过一个例子，介绍多媒体元素事件 timeupdate 的应用，示例代码如下。

```html
<!DOCTYPE html>
<html>
<meta charset="gb2312" />
<script>
function update()
{
    var video = document.getElementById("myVideo");
    var result = document.getElementById("result");
    var duration = video.duration;  //获取视频播放总时长
    var currentTime = video.currentTime;  //获取当前已播放时长
    result.innerHTML = Math.floor(currentTime) + " / " + Math.floor(duration)+" (秒)"
}
</script>
<fieldset>
<legend>timeupdate 事件应用</legend>
<video id="myVideo" controls="true" src="video/4_1.mp4" onTimeUpdate="update()"></video>
<br>
<span id="result"></span>
</fieldset>
</html>
```

保存此段代码并在浏览器中运行，当单击播放按钮时，得到的效果如图 4-11 所示。

图 4-11 timeupdate 事件应用

在播放器控件下方显示的时间随着播放不断在更新，前面显示的时间为已经播放时间，后面播放时间为视频总时长。已播放时间与播放器自带工具条中显示的时长是一致的。

4.5 上机实践——DIY 视频播放器

4.5.1 实践目的

通过综合应用 HTML5 多媒体元素的的属性及相关事件，打造一个属于我们自己的媒体播放器，能够实现播放、暂停、快播、慢播、音量调节、显示播放进度等常用功能。通过上机实践，读者能够更加深入地理解并掌握 HTML5 多媒体元素的应用。

4.5.2 设计思路

要想制作一个自定义的媒体播放器，首先需要设计媒体播放器的界面，然后对界面中各功能按键添加相应的处理方法。根据以上分析，我们设定设计步骤如下。

（1）设计界面，界面分三部分：播放部分、播放进度条、播放控制工具栏。其中播放进度条可根据鼠标动作设定显示或隐藏。播放控制栏中提供的功能键包括"播放/暂停""快播""慢播""增大音量""减小音量""静音"。

（2）添加处理方法。分别对播放进度条、功能键添加相应的处理方法。

4.5.3 实现过程

根据上面的设计思路，我们设计代码如下。

```html
<!DOCTYPE html>
<html>
<meta charset="gb2312" />
<div>
    <div>
        <video id="video" src="4_1.mp4" width="600">当前浏览器不支持 video 元素</video>
    </div>
    <div id="progressTime" style="display:none">
        <div style="float:left">
        <progress id="progress" max="100" style="width:450px">
        </progress>
        </div>
        <div id="showTime" style="float:left;margin-left:15px"></div>
        <div style="clear:both"></div>
    </div>
</div>
<div>
    <input type="button" id ="btnPlay" onclick="playOrPause()" value="播放"/>
    <input type="button" id="btnSpeedUp" onclick="speedUp()" value="快放" />
    <input type="button" id="btnSpeedUpDown" onclick="speedDown()" value="慢放" />
    <input type="button" id="btnVolumeUp" onclick="volumeUp()" value="提高音量" />
    <input type="button"  id="btnVolumeDown" onclick="volumeDown()" value="降低音量" />
</div>
</div>
<script>
```

```
var speed=1;  //播放速度
var volume=1;  //播放音量
var video=document.getElementById("video");
var playBtn=document.getElementById("btnPlay");
var btnSpeedUp=document.getElementById("btnSpeedUp");
var btnSpeedUpDown=document.getElementById("btnSpeedUpDown");
var btnVolumeUp=document.getElementById("btnVolumeUp");
var btnVolumeDown=document.getElementById("btnVolumeDown");
var showTime=document.getElementById("showTime");

video.addEventListener('timeupdate',updateProgress,false);  //为播放器添加时间改变
监听事件
var progress=document.getElementById("progress");
progress.onclick=progressOnClick;  //为 progress 控件添加单击事件

//播放或暂停
function playOrPause()
{
    var progressTime=document.getElementById("progressTime");
    progressTime.style.display="";  //显示播放进度条和时间
    if(video.paused)  //如果当前播放状态为暂停，单击后开始播放
    {
        playBtn.value="暂停";
        video.play();
        video.playbackRate=speed;
        video.volume=volume;
        //启用控制工具条其他按钮
        btnSpeedUp.disabled="";
        btnSpeedUpDown.disabled="";
        btnVolumeUp.disabled="";
        btnVolumeDown.disabled="";
    }
    else  //如果当前播放状态为播放，单击后暂停播放
    {
        playBtn.value="播放";
        video.pause();
        //禁用控制条其他按钮
        btnSpeedUp.disabled="disabled";
        btnSpeedUpDown.disabled="disabled";
        btnVolumeUp.disabled="disabled";
        btnVolumeDown.disabled="disabled";
    }
}
//提高播放速度
function speedUp()
{
    video.playbackRate+=1;
    speed=video.playbackRate;
}
//降低播放速度
function speedDown()
{
```

```
            video.playbackRate-=1;
            if(video.playbackRate<0)
            {
                video.playbackRate=0;
            }
            speed=video.playbackRate;
        }
        //增大音量
        function volumeUp()
        {
            if(video.volume<1)
            {
                video.volume+=0.1;
                if(video.volume>0)
                {
                    video.muted=false;
                }
            }
            volume=video.volume;
        }
        //降低音量
        function volumeDown()
        {
            if(video.volume>0)
            {
                video.volume-=0.1;
                if(video.volume==0)
                {
                    video.muted=true;
                }
            }
            volume=video.volume;
        }
        //播放进度条单击事件,单击后从单击位置开始播放
        function progressOnClick(event)
        {
            var progress=document.getElementById("progress");
            if(event.offsetX)   //获取鼠标当前单击位置与当前位置相比存在偏移量
            {
                video.currentTime=video.duration*(event.offsetX/progress.clientWidth);
//设定播放器新的播放位置
            }
            else
            {
                video.currentTime=video.duration*(event.clientX/progress.clientWidth);
            }
        }
        //更新进度条状态
        function updateProgress()
        {
            var currentPercent=Math.round(Math.floor(video.currentTime)/Math.floor(video.duration)*100,0);//计算当前播放时长与视频总时长之比
            var progress=document.getElementById("progress");
            progress.value=currentPercent;
```

```
            showTime.innerHTML=calculateTime(Math.floor(video.currentTime))+"/"+calcul
ateT-ime(Math.floor(video.duration));//显示播放时间
        }
        //将当前传入的时间转换为hh:MM:ss的格式
        function calculateTime(time)
        {
            var h;
            var m;
            var s;
            h=String(parseInt(time/3600,10));
            if(h.length==1)
            {
                h='0'+h;
            }
            m=String(parseInt((time%3600)/60,10));
            if(m.length==1)
            {
                m='0'+m;
            }
            s=String(parseInt(time%60),10)
            if(s.length==1)
            {
                s='0'+s;
            }
            return h+":"+m+":"+s;
        }
    </script>
</html>
```

4.5.4 演示效果

在浏览器中运行代码，得到的效果如图 4-12 所示。

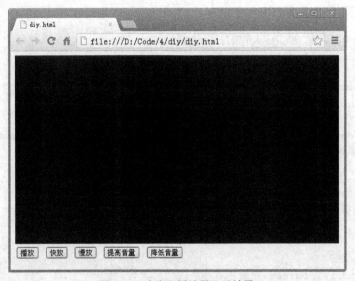

图 4-12　自定义播放器显示效果

当单击"播放"按钮时，视频开始播放，同时显示播放进度条与播放时间，如图 4-13 所示。
此时如果单击播放进度条，播放器将从当前鼠标指定位置开始播放。如果单击"暂停"按钮，视频暂停播放，同时播放控制工具条的其他按钮变为不可用，如图 4-14 所示。

图 4-13　开始播放效果

图 4-14　暂停播放效果

小　结

本章主要介绍了 HTML5 中多媒体元素 video 和 audio 的用法。从最基础的概念开始讲解，逐步介绍了多媒体元素的属性、常用方法以及常用事件。最后通过一个综合实例介绍了多媒体元素的综合应用方法。

习　题

（1）HTML5 中的多媒体元素都有哪些？
（2）如果需要页面中的 video 元素在页面加载完毕后自动播放，应该如何设置？
（3）如何判断当前浏览器是否支持待播放的视频格式？
（4）如何捕捉多媒体元素的事件？

第 5 章 HTML5 的图像及动画

HTML5 另一个明显的飞跃就是增加了对图像和动画的支持。在 HTML5 中实现绘图操作，主要依赖于 canvas 元素以及 canvas 相关的 API。本章将介绍如何使用 canvas 元素绘制图形、图像，以及如何实现动画效果。

5.1 了解 canvas 元素

canvas 元素是 HTML5 中新增的一个用于绘图的重要元素，从字面上理解 canvas 是画布的意思，而在页面中增加一个 canvas 元素就相当于在网页中添加一块画布，画布是一个矩形区域，你可以控制区域中的每一个像素。Canvas 拥有多种绘制路径、矩形、圆形、字符以及添加图像的方法。但 Canvas 元素本身是没有绘图能力的，所有的绘制工作必须在 JavaScript 内部完成。

5.1.1 canvas 的用法

与创建页面中的其他元素相似，canvas 元素的使用也非常简单，只要在页面中添加元素声明即可。一段在页面中添加 canvas 元素的示例代码如下。

```
<!DOCTYPE html>
<html>
<meta charset="gb2312" />
<canvas width="200px" height="200px" style="background-color:red">
</canvas>
</html>
```

在此段代码中，声明了一个长度和宽度都为 200px（200 像素）的画布，由于在页面中 canvas 元素只是一块白色区域，此例中我们将其背景颜色设置为红色以便突出显示效果。保存代码并在浏览器中运行，得到的效果如图 5-1 所示。

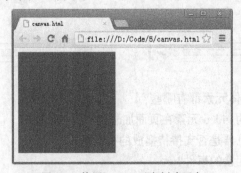

图 5-1　使用 canvas 元素创建画布

5.1.2 一个简单的 canvas 画图实例

使用 canvas 元素创建了画布以后，就可以绘制各种图形了。使用 canvas 元素绘制一个矩形的示例代码如下。

```
<!DOCTYPE html>
<html>
<meta charset="gb2312" />
<script>
function drawRectangle()
{
    var canvas = document.getElementById("myCanvas");
    var context = canvas.getContext("2d");
    context.strokeStyle="#66";
    context.strokeRect(50,50,100,80);
}
</script>
<fieldset>
<legend>绘制矩形</legend>
<canvas id="myCanvas" width="200px" height="200px">
</canvas>
<br>
<button onclick="drawRectangle()">绘图</button>
</fieldset>
</html>
```

保存此段代码并在浏览器中运行，单击"绘图"按钮，得到的结果如图 5-2 所示。

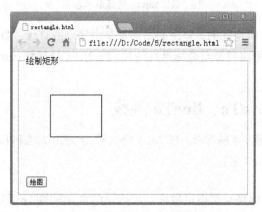

图 5-2　使用 canvas 绘制矩形

通过本例我们发现，在 HTML5 中绘图，主要是通过在 canvas 上下文中使用 JavaScript 脚本语言，调用 canvas 相关 API 来实现的。关于本例中涉及的 API 的用法，我们将在后面进行详细介绍。

5.2　使用路径画图

路径是 HTML5 绘图的基础，使用路径画图主要是绘制一些基本的线条、曲线。而通过基础的线条组合，能够组成复杂的图形。

5.2.1 理解 canvas 的坐标系

canvas 元素构建的画布是一个基于二维（x，y）的网格。坐标原点（0，0）位于 canvas 的左上角。从原点沿 x 轴从左到右，取值依次递增；从原点沿 y 轴从上到下，取值依次递增。canvas 坐标系示意图如图 5-3 所示。

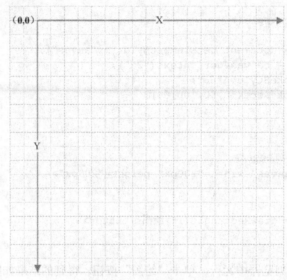

图 5-3　canvas 坐标系示意图

由于 canvas 是基于二维空间的，复杂的图形都是由简单的直线、曲线构成。而所有简单的线条都是以路径为基础的，而路径又与坐标息息相关。因此，充分理解 canvas 坐标系结构至关重要，是学习后续绘图的基础。

5.2.2 使用 moveTo、lineTo 画线

在 HTML5 中直线是最基本的图形，HTML5 提供了 moveTo 方法和 lineTo 方法用来绘制直线。
moveTo 方法的应用格式为：
```
moveTo(x,y)
```
该方法的作用是将光标移动至指定坐标，该坐标作为绘制图形的起点坐标。其中，参数 x 代表起点的横坐标，参数 y 代表起点的纵坐标。

lineTo 方法的应用格式为：
```
lineTo(x,y)
```
该方法与 moveTo 方法结合使用，用于指定一个坐标作为绘制图形的终点坐标。其中，参数 x 代表终点的横坐标，参数 y 代表终点的纵坐标。如果多次调用 lineTo 方法，则可以定义多个中间点坐标作为线条轨迹。最终将绘制成一条由起点开始，经过各个中间点的线条。该线条可能是直线也可能是折线，取决于 lineTo 所指定的中间点坐标。

下面我们将使用 moveTo 以及 lineTo 方法绘制几条简单的线条。示例代码如下。

```
<!DOCTYPE html>
<html>
<meta charset="gb2312" />
```

```
<script>
function drawLine()
{
    var canvas = document.getElementById("myCanvas");
    var context = canvas.getContext("2d");
    context.moveTo(10,10);
    context.lineTo(10,100);
    context.lineTo(125,125);
    context.lineTo(150,175);
    context.stroke();
}
</script>
<fieldset>
<legend>使用 moveTo、lineTo 绘制直线</legend>
<canvas id="myCanvas" width="200px" height="200px">
</canvas>
<br>
<button onclick="drawLine()">绘图</button>
</fieldset>
</html>
```

保存此段代码,并在浏览器中运行,当页面加载完毕后单击"绘图"按钮,得到的结果如图 5-4 所示。

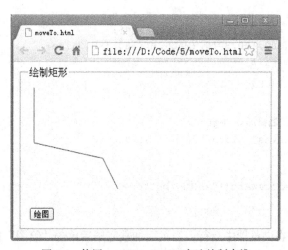

图 5-4 使用 moveTo、lineTo 方法绘制直线

在这个例子中,我们首先使用 moveTo 方法设定起点坐标,然后多次使用 lineTo 方法定义多个中间点坐标,最终绘制了如图 5-4 所示的折线。

此例中还用到了一个重要方法就是 stroke 方法,该方法是真正用于绘制线条的。对于 moveTo、lineTo 及 stroke 这 3 个方法,可以简单理解为,moveTo 方法和 lineTo 方法用于定义即将绘制的图形轨迹,而 stroke 方法则是将定义好的轨迹在画布中绘制并展示。

5.2.3 使用 arc 方法画弧

除了绘制直线以外,HTML5 还支持绘制弧线。arc 方法用于绘制弧形、圆形,该方法的应用格式为

```
arc(x,y,radius,startAngle,endAngle,anticlockwise)
```

该方法的各个参数说明如下。

（1）x：表示绘制弧形曲线圆心的横坐标。

（2）y：表示绘制弧形曲线圆心的纵坐标。

（3）radius：表示绘制弧形曲线的半径，单位为像素。

（4）startAngle：表示绘制弧形曲线的起始弧度。

（5）endAngle：表示绘制弧形曲线的结束弧度。

（6）anticlockwise：表示绘制弧形曲线的方向，该参数为布尔型。当赋值为 true 时，将按照逆时针方向绘制弧形；当赋值为 false 时，将按照顺时针方向绘制弧形。

 startAngle 与 endAngle 都是以 x 轴作为参照的。这两个参数用到的单位是弧度不是度。度和弧度直接的转换关系为：弧度 = (Math.PI/180)*度。

下面我们将使用 arc 方法绘制一个弧形，示例代码如下。

```
<!DOCTYPE html>
<html>
<meta charset="gb2312" />
<script>
function drawArc()
{
    var canvas = document.getElementById("myCanvas");
    var context = canvas.getContext("2d");
    context.arc(100,100,80,0,(Math.PI/180)*90,false);
    context.stroke();
}
</script>
<fieldset>
<legend>使用 arc 绘制弧形</legend>
<canvas id="myCanvas" width="200px" height="200px">
</canvas>
<br>
<button onclick="drawArc()">绘图</button>
</fieldset>
</html>
```

保存此段代码，并在浏览器中运行，当页面加载完毕后单击"绘图"按钮，得到的结果如图 5-5 所示。

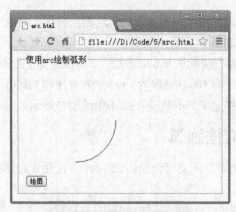

图 5-5 使用 arc 方法绘制弧线

在这个例子中,我们使用 arc 方法定义了一个圆心坐标为(50,50),半径为 80 像素,起始角度为 0,终止角度为 90(在实际赋值参数时已转换为弧度),按照顺时针方向绘制的弧线轨迹,并使用 stroke 方法完成绘图。

如果将 anticlockwise 参数值设置为 true,其他参数不变,得到的绘图结果如图 5-6 所示。

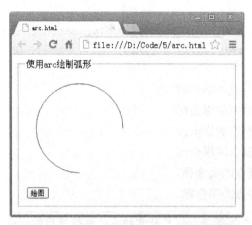

图 5-6 anticlockwise 设置为 true 的绘图结果

图 5-5 中的弧形是以顺时针方向绘制的,图 5-6 中的弧形是以逆时针方向绘制的。比较这两个结果我们发现,绘制弧形与绘制线条原理是相同的,也要定义一个绘制起点(起始弧度)以及一个绘制终点(终止弧度)。只不过绘制线条的绘制轨迹是以中间点形式定义的,而弧线的绘制轨迹则是由弧线圆心、半径以及绘制方向定义的。

如果我们将起始弧度定义为 0,终止弧度定义为 Math.PI/180*360,即 Math.PI*2,就可以绘制出一个闭合的弧线,也就构成了一个圆形。将图 5-5 对应代码中的 drawArc 方法修改为:

```
function drawLine()
{
    var canvas = document.getElementById("myCanvas");
    var context = canvas.getContext("2d");
    context.arc(100,100,80,0,(Math.PI*2,true);
    context.stroke();
}
```

重新绘图后,将得到一个圆形,如图 5-7 所示。

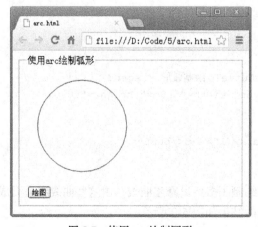

图 5-7 使用 arc 绘制圆形

5.2.4 绘制贝塞尔图形

除了前面介绍的绘制简单图形方法外，HTML5 还提供了一些高级图形的绘制方法。例如使用 bezierCurveTo 方法可以绘制三次贝塞尔曲线，使用 quadraticCurveTo 方法绘制二次贝塞尔曲线，等等。

下面以 bezierCurveTo 为例介绍该方法的具体用法。bezierCurveTo 方法的应用格式为：
```
bezierCurveTo(cp1x,cp1y,cp2x,cp2y,x,y)
```
各参数说明如下。

（1）cp1x：第一个控制点的横坐标。

（2）cp1y：第一个控制点的纵坐标。

（3）cp2x：第二个控制点的横坐标。

（4）cp2y：第二个控制点的纵坐标。

（5）x：贝塞尔曲线终点的横坐标。

（6）y：贝塞尔曲线终点的纵坐标。

贝塞尔曲线是依据四个位置任意的点坐标绘制出的一条光滑曲线，贝塞尔曲线的每一个顶点都有两个控制点，用于控制在该顶点两侧的曲线的弧度。它是应用于二维图形应用程序的数学曲线。曲线的定义有四个点：起始点、终止点（也称锚点）以及两个相互分离的中间点。滑动两个中间点，贝塞尔曲线的形状会发生变化。

使用 bezierCurveTo 绘制图形的示例代码如下。

```
<!DOCTYPE html>
<html>
<meta charset="gb2312" />
<script>
function draw()
{
    var canvas = document.getElementById("myCanvas");
    var context = canvas.getContext("2d");
    for (var i = 100; i < 150; i++) {
        var x = Math.sin(i)*50;
        var y = Math.cos(i)*100;
        context.bezierCurveTo(i/100,i/100,x*x,y*y,x+y,x+y);
    }
    context.stroke();
}
</script>
<fieldset>
<legend>使用bezierCurveTo绘制弧形</legend>
<canvas id="myCanvas" width="500px" height="500px">
</canvas>
<br>
<button onclick="draw()">绘图</button>
</fieldset>
</html>
```

本例中使用循环语句绘制了多条贝塞尔曲线，由这些曲线组合而成一个图形。保存此段代码并在浏览器中运行，得到的结果如图 5-8 所示。

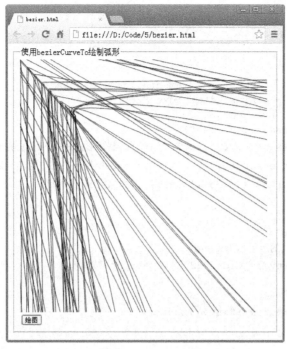

图 5-8 使用 bezierCurveTo 方法绘图

5.3 图形操作

上一小节介绍的只是使用画布元素绘制基本的图形,有时我们可能需要对已经绘制完成的图形进行移动、缩放或者旋转等操作,这就要用到 canvas API 提供的相关方法。通过调用相应的 canvas API 方法,可以将多个图形进行组合,还能通过添加图形阴影达到特殊的显示效果。

5.3.1 图形样式设置

前面小节所介绍的绘图方法,绘制的只是图形边缘线条及图形框架。要想使图片变得更加绚丽,就要用到图形样式设置。HTML5 通过两个步骤来实现图形样式添加:首先,定义相关样式;其次,调用指定方法使图形应用指定样式。

下面我们以绘制矩形并添加样式为例,介绍相关的属性和方法。

fillStyle 属性:为当前画布上下文设置图形样式,默认是纯黑色。使用该属性可以设置为 css 颜色,一个图案或一种渐变。

fillRect(x,y,width,height)方法:绘制一个矩形,并使用当前的 fillStyle 样式。

strokeStyle 属性:与 fillStyle 属性用法相同。

strokeRect(x,y,width,height)方法:绘制一个矩形,使用当前的 strokeStyle 样式绘制矩形的边缘,中间区域不予处理。

clearRect(x,y,width,height)方法:清除指定矩形区域。

下面我们通过一个例子来看这些属性和方法的具体应用,示例代码如下。

```
<!DOCTYPE html>
```

```
<html>
<meta charset="gb2312" />
<script>
function draw()
{
    var canvas = document.getElementById("myCanvas");
    var context = canvas.getContext("2d");
    context.fillStyle = "yellow";
    context.strokeStyle= "red";
    context.fillRect(60,60,130,110);    //绘制矩形并在中间区域填充黄色
    context.strokeRect(50,50,150,130);  //绘制矩形并在边缘填充红色
    context.clearRect(70,70,110,90);    //清除指定区域像素
}
</script>
<fieldset>
<legend>绘制带样式的矩形</legend>
<canvas id="myCanvas" width="200px" height="200px">
</canvas>
<br>
<button onclick="draw()">绘图</button>
</fieldset>
</html>
```

保存此段代码并在浏览器中运行，得到的效果如图 5-9 所示。

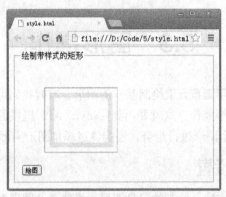

图 5-9 为矩形添加样式

HTML5 除了提供矩形绘图样式的属性和方法外，还对其他图形也提供了相应的属性及方法设置，使用方法大同小异，这里就不详细介绍了。

5.3.2 渐变图形

渐变在网页设计中是经常用到的一种技术手段，指的是图形填充颜色从一种颜色逐渐转变为另一种颜色。HTML5 中实现渐变主要有两种方法：线性渐变和径向渐变。下面我们介绍这两种方法的具体应用。

1．线性渐变

所谓线性渐变指的是点到点之间的渐变，在 HTML5 中通过 createLinearGradient 方法创建 LinearGradient 对象实现线性渐变。createLinearGradient 方法的应用格式如下：

```
createLinearGradient(xStart,yStart,xEnd,yEnd);
```

该方法中涉及的各个参数说明如下。

(1) xStart：渐变起始点的横坐标。

(2) yStart：渐变起始点的纵坐标。

(3) xEnd：渐变终止点的横坐标。

(4) yEnd：渐变终止点的纵坐标。

当调用该方法时，将创建一个使用起点坐标及终点坐标的 LinearGradient 对象，为该对象设置渐变颜色及渐变度的方法应用格式如下：

```
addColorStop(offset,color);
```

该方法中涉及的两个参数说明如下。

(1) offset：颜色从离开渐变起始点开始变化的偏移量。

(2) color：渐变使用的颜色。

下面通过一个例子来演示线性渐变的具体应用和实际效果，示例代码如下。

```
<!DOCTYPE html>
<html>
<meta charset="gb2312" />
<script>
function draw()
{
    var canvas=document.getElementById("myCanvas");
    var context=canvas.getContext("2d");
    //为矩形添加渐变效果
    var mylinear=context.createLinearGradient(0,0, 150,50);// 创建一个线性渐变对象
    mylinear.addColorStop(0,"red");  //设置第一阶段颜色
    mylinear.addColorStop(0.8,"yellow");  //设置第二阶段颜色
    mylinear.addColorStop(1,"green");   //设置第三阶段颜色
    context.fillStyle=mylinear;
    context.fillRect(0,0,250,150);////绘制矩形

    //为文字添加渐变效果
    var linearText=context.createLinearGradient(300,50,600,50);
    linearText.addColorStop(0,"yellow");
    linearText.addColorStop(0.5,"grey");
    linearText.addColorStop(1,"red");
    context.fillStyle=linearText;
    context.font="30px Arial";
    context.textBaseline="top";//文字对齐方式
    context.fillText("HTML5 线性渐变文字",300,50);//参数表示文字 x,y 轴的位置
}
</script>
<fieldset>
<legend>线性渐变</legend>
<canvas id="myCanvas" width="600px" height="200px">
</canvas>
<br>
<button onclick="draw()">绘图</button>
</fieldset>
</html>
```

此例中我们为一个矩形和一段文字分别添加渐变效果，保存此段代码并在浏览器中运行，得

到效果如图5-10所示。

图 5-10　线性渐变的应用效果

2．径向渐变

径向渐变是另外一种渐变方式，指的是以圆心为起点沿圆形半径方向向外扩散方式逐渐改变颜色。HTML5 提供了 createRadialGradient 方法用于实现径向渐变，该方法的应用格式为：

```
createRadialGradient(xStart,yStart,radiusStart,xEnd,yEnd,radiusEnd);
```

该方法涉及的各个参数说明如下。

（1）xStart：渐变开始圆的圆心横坐标。

（2）yStart：渐变开始圆的圆心纵坐标。

（3）radiusStart：渐变开始圆的半径。

（4）xEnd：渐变结束圆的圆心横坐标。

（5）yEnd：渐变结束圆的圆心纵坐标。

（6）radiusEnd：渐变结束圆的半径。

该方法分别定义了两个圆形，调用该方法时将从第一个圆的圆心向外扩散渐变，直到第二个圆的外围边缘。与线性渐变相似，径向渐变也要使用 addColorStop 方法为渐变设置颜色偏移量及使用颜色。

下面通过一个例子来演示径向渐变的具体应用和实际效果，示例代码如下。

```
<!DOCTYPE html>
<html>
<meta charset="gb2312" />
<script>
function draw()
{
    var canvas=document.getElementById("myCanvas");
    var context=canvas.getContext("2d");
    fillColorRadial = context.createRadialGradient(150,150,10, 150,150,200);
    fillColorRadial.addColorStop(0, "red"); // 设置第一阶段颜色
    fillColorRadial.addColorStop(0.2, "yellow"); // 设置第二阶段颜色
    fillColorRadial.addColorStop(0.4, "black"); // 设置第三阶段颜色
    context.fillStyle = fillColorRadial; // 填充样式
    context.rect(0,0,300,300); // 绘制矩形
    context.fill();
}
```

```
</script>
<fieldset>
<legend>线性渐变</legend>
<canvas id="myCanvas" width="300px" height="300px">
</canvas>
<br>
<button onclick="draw()">绘图</button>
</fieldset>
</html>
```

本例中我们定义了两个同心圆并设置了三种渐变颜色，同时，绘制一个矩形作为渐变扩散终止边界。保存此段代码并在浏览器中运行，得到的效果如图 5-11 所示。

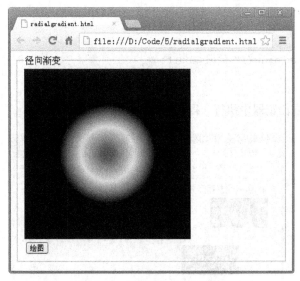

图 5-11　径向渐变的应用效果

本例通过使用径向渐变效果，绘制了一个类似日晕的效果图。

5.3.3　图形坐标变换

有时我们对绘制图形可能会有一些更高的要求，例如要求图形旋转、移位等，这就要用到 canvas API 中的坐标变换功能。通过前面的介绍我们已经了解，HTML5 中 canvas 元素坐标系的原点位于左上角，而之前介绍的所有绘图方法都是以左上角为参照进行绘制的。如果对默认的坐标系进行处理，那么对应的图形也就会产生旋转、移位等效果了。

在 HTML5 中，坐标变换主要有以下 3 种方式。

1. 坐标平移

坐标平移指的是将默认坐标系原点，沿 x 轴方向或 y 轴方向移动指定单位长度。translate 方法用于设置坐标平移，该方法应用格式为：

```
translate(x,y);
```

其中参数 x 为沿 x 轴方向位移的像素数，参数 y 为沿 y 轴方向位移的像素数。下面通过一个例子介绍该方法的具体应用，示例代码如下。

```
<!DOCTYPE html>
<html>
<meta charset="gb2312" />
```

```
<script>
function draw()
{
    var canvas = document.getElementById("myCanvas");
    var context = canvas.getContext("2d");
    context.fillRect(0,0,100,50);  //绘制第一个矩形
    context.translate(50,80);      //设置坐标平移
    context.fillRect(0,0,100,50);  //绘制第二个矩形
}
</script>
<fieldset>
<legend>使用translate设置坐标平移</legend>
<canvas id="myCanvas" width="200px" height="200px">
</canvas>
<br>
<button onclick="draw()">绘图</button>
</fieldset>
</html>
```

保存上面代码并在浏览器中执行，得到的效果如图5-12所示。

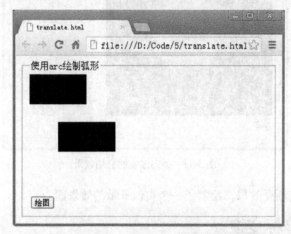

图5-12 使用translate方法设置坐标平移

在这个执行结果中，左上方的矩形是未设置坐标平移时绘制的，右下方的矩形是设置了坐标平移后绘制的。虽然两个矩形的绘制命令是一样的，但是由于坐标平移产生了不同的显示效果。

2. 坐标放大

坐标放大指的是将图像沿 x 轴方向或 y 轴方向放大的倍数，scale 方法用于设置坐标放大，该方法应用格式为：

```
scale(x,y);
```

其中参数 x 为沿 x 轴方向放大倍数，y 为沿 y 轴方向放大倍数。下面通过一个例子介绍该方法的具体应用，示例代码如下。

```
<!DOCTYPE html>
<html>
<meta charset="gb2312" />
<script>
function draw()
```

```
{
    var canvas = document.getElementById("myCanvas");
    var context = canvas.getContext("2d");
    context.fillRect(0,0,50,50);  //绘制第一个矩形
    context.scale(1.5,2.5);  //设置坐标放大
    context.fillRect(60,0,50,50);  //绘制第二个矩形
    context.scale(0.5,0.5);  //设置坐标缩小
    context.fillRect(280,0,50,50);  //绘制第三个矩形
}
</script>
<fieldset>
<legend>使用 scale 设置坐标放大和缩小</legend>
<canvas id="myCanvas" width="300px" height="200px">
</canvas>
<br>
<button onclick="draw()">绘图</button>
</fieldset>
</html>
```

保存上面代码并在浏览器中执行，得到的效果如图 5-13 所示。

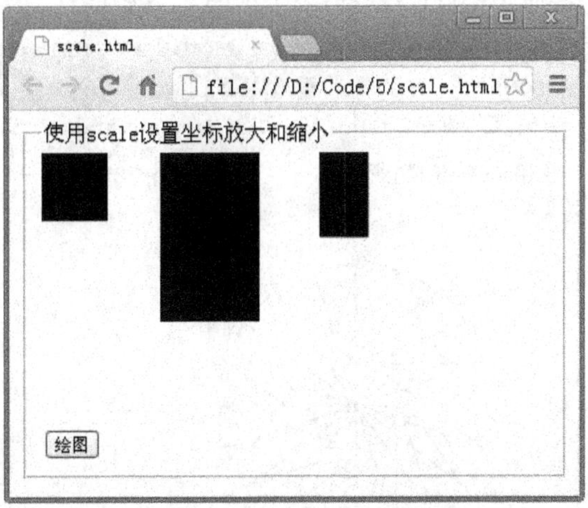

图 5-13　使用 scale 方法设置坐标放大与缩小

在这个执行结果中，第一个矩形是未做任何处理的矩形，第二个矩形是在第一个矩形基础上放大后的矩形，第三个矩形是在第二个矩形基础上缩小的矩形。由此我们可知，使用 scale 方法，参数赋值大于 1 时图形将被放大，参数赋值小于 1 时图形将被缩小。

3. 坐标旋转

坐标旋转指的是以原点为中心将图形旋转指定的角度，rotate 方法用于设置坐标旋转，该方法应用格式为：

```
rotate(angle);
```

其中参数 angle 为旋转弧度，当 angle 为正值时，图形以顺时针方向旋转；当 angle 为负值时，图形以逆时针方向旋转。下面通过一个例子介绍该方法的具体应用，示例代码如下。

```
<!DOCTYPE html>
<html>
<meta charset="gb2312" />
<script>
```

```
function draw()
{
    var canvas = document.getElementById("myCanvas");
    var context = canvas.getContext("2d");
    context.translate(150,150);
    for(var i=0; i<20; i++)
    {
        context.strokeRect(0,0,100,30);  //绘制矩形
        context.rotate(Math.PI/10);  //设置旋转
    }
}
</script>
<fieldset>
<legend>使用 rotate 设置坐标旋转</legend>
<canvas id="myCanvas" width="300px" height="300px">
</canvas>
<br>
<button onclick="draw()">绘图</button>
</fieldset>
</html>
```

保存上面代码并在浏览器中执行，得到的效果如图 5-14 所示。

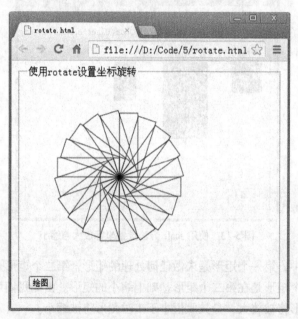

图 5-14　使用 rotate 方法设置坐标旋转

本例中通过循环语句，每绘制一个矩形，设置坐标旋转一定弧度，最终组成一个复杂图形。

5.3.4　图形组合处理

当我们在画布中绘制多个有重叠区域的图形时，由于绘制顺序不同，新绘制的图形将覆盖旧图形，导致重叠部分将永远显示为新绘制图形。如果要自定义多个图形重叠部分的组合方式，可以通过修改画布上下文对象的 globalCompositeOperation 属性来实现。该属性可设置多个属性值，各属性值说明如表 5-1 所示。

表 5-1　　　　　　　　　　globalCompositeOperation 属性值说明

属 性 值	说　　　明
source-over	该属性值为 globalCompositeOperation 的默认属性值，新绘制图形将覆盖与原图形重叠部分
copy	只显示新绘制图形，原图形中与新图形重叠部分不显示，原图形中未与新图形重叠部分变成透明
darker	重叠部分的两种图形都被显示，且新绘制图形与原图形的颜色值相减作为重叠部分的颜色值
destination-atop	只显示原图形中被新绘制图形覆盖的部分与新绘制图形的其余部分，不显示新绘制图形中与原图形重叠部分，原图形中其他部分变成透明
destination-in	只显示原图形中与新绘制图形重叠部分，原图形及新绘制图形其他部分变为透明
destination-out	只显示原图形中与新绘制图形不重叠部分，原图形及新绘制图形其他部分变为透明
destination-over	原图形将覆盖与新绘制图形重叠部分
lighter	原图形与新绘制图形都显示，两图形颜色值相加作为重叠部分的颜色值
source-atop	只显示新绘制图形中与原图形重叠部分及原图形其余部分，其他部分变为透明
source-in	只显示新图形中与原图形重叠部分，其他部分变为透明
source-out	只显示新图形中与原图形不重叠部分，其他部分变为透明
xor	原图形与新绘制图形都显示，两图形重叠部分变为透明

下面通过一个例子介绍如何使用 globalCompositeOperation 设置图形组合，示例代码如下。

```
<!DOCTYPE html>
<html>
<meta charset="gb2312" />
<script>
var i=0;
function draw()
{
    var type;
    switch(i)
    {
        case 0 :
            type = "source-over";
            break;
        case 1 :
            type = "copy";
            break;
        case 2 :
            type = "darker";
            break;
        case 3 :
            type = "ligher";
            break;
        case 4 :
            type = "xor";
            break;
    }
    var canvas = document.getElementById("myCanvas");
    var context = canvas.getContext("2d");
    context.globalCompositeOperation = type;  //设置两个图形组合方式
    context.fillStyle = "red";  //设置填充颜色为红色
```

```
            context.fillRect(100,100,100,100); //绘制矩形
            context.fillStyle = "green"; //设置填充颜色为绿色
            context.arc(100,100,60,0,Math.PI*2,false); //绘制圆形
            context.fill(); //填充圆形
            i++;
        }
    </script>
    <fieldset>
    <legend>使用globalCompositeOperation设置图形组合</legend>
    <canvas id="myCanvas" width="300px" height="300px">
    </canvas>
    <br>
    <button onclick="draw()">绘图</button>
    </fieldset>
</html>
```

本例中绘制了一个矩形和一个圆形,且这两个图形拥有重叠部分,同时设置了包括默认组合方式在内一共五种组合方式。运行后,每单击"绘图"按钮一次,变换一种图形组合方式。保存此段代码并在浏览器中运行,得到的效果如图 5-15 所示。

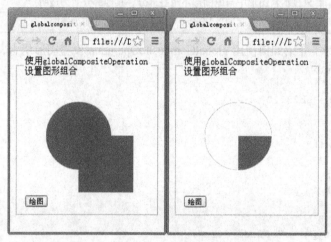

图 5-15 使用 globalCompositeOperation 设置图形组合方式

5.3.5 图形阴影

HTML5 中还可以通过设置画布上下文对象的属性,为图形添加阴影效果。添加图形阴影相关属性及说明如表 5-2 所示。

表 5-2　　　　　　　　　　　　图形阴影相关属性值说明

属 性 值	说　明
shadowOffsetX	阴影与图形的水平距离,默认值为 0。当设置值大于 0 时阴影向右偏移,当设置值小于 0 时阴影向左偏移
shadowOffsetY	阴影与图形的垂直距离,默认值为 0。当设置值大于 0 时阴影向上偏移,当设置值小于 0 时阴影向下偏移
shadowColor	阴影颜色值
shadowBlur	阴影模糊度,默认值为 1。设置值越大阴影模糊度越强,设置值越小模糊度越弱

下面通过一个例子介绍如何设置图形阴影，示例代码如下。

```
<!DOCTYPE html>
<html>
<meta charset="gb2312" />
<script>
function draw()
{
    var canvas = document.getElementById("myCanvas");
    var context = canvas.getContext("2d");
    context.fillStyle = "red"; //设置填充颜色为红色
    context.fillRect(50,50,100,100); //绘制矩形
    context.shadowOffsetX =6; //设置阴影水平偏移量
    context.shadowOffsetY =6; //设置阴影垂直偏移量
    context.shadowColor ="gray"; //设置阴影颜色
    context.shadowBlur=1; //设置阴影模糊度
}
</script>
<fieldset>
<legend>使用图形阴影</legend>
<canvas id="myCanvas" width="200px" height="200px">
</canvas>
<br>
<button onclick="draw()">绘图</button>
</fieldset>
</html>
```

保存此段代码并在浏览器中运行，得到的结果如图 5-16 所示。

图 5-16　使用图形阴影

5.4　图像操作

HTML5 的 canvas 元素中不仅可以绘制图形，还能够引用本地磁盘或网络上的图片进行显示，并且可以对图片进行切割、像素处理等操作。

5.4.1 绘制图像

使用 drawImage()方法，可以将页面中已经存在的<img>元素、<video>元素或通过 JavaScript 创建的 Image 对象绘制在画布中。drawImage 方法共有 3 种应用格式。

（1）drawImage(image,dx,dy)，直接绘制图像。
（2）drawImage(image,dx,dy,dw,dh)，可绘制缩放图像。
（3）drawImage(image,sx,sy,sw,sh,dx,dy,dw,dh)，可绘制切割图像。
各参数说明如下。

- image：画布引用的图片对象。
- dx：图片对象左上角在画布中的横坐标。
- dy：图片对象左上角在画布中的纵坐标。
- dw：图片对象缩放至画布中的宽度。
- dh：图片对象缩放至画布中的高度。
- sx：图片对象被绘制部分的横坐标。
- sy：图片对象被绘制部分的纵坐标。
- sw：图片对象被绘制部分的宽度。
- sh：图片对象被绘制部分的高度。

下面通过一个例子演示如何使用 drawImage 方法在画布中绘制图像，示例代码如下。

```
<!DOCTYPE html>
<html>
<meta charset="gb2312" />
<script>
function draw(i)
{
    var canvas = document.getElementById("myCanvas");
    var context = canvas.getContext("2d");
    var image = new Image();
    image.src= "cat.jpg";
    image.onload = function()
    {
        if(i==1)
            context.drawImage(image,0,0);
        else if(i==2)
            context.drawImage(image,500,0,200,300);
        else
            context.drawImage(image,30,30,440,400,700,0,160,180);
    }
}

</script>
<fieldset>
<legend>使用 drawImage 方法绘制图像</legend>
<canvas id="myCanvas" width="850px" height="600px">
</canvas>
<br>
<button onclick="draw(1)">原图</button>
<button onclick="draw(2)">缩放图</button>
```

```
<button onclick="draw(3)">切割图</button>
</fieldset>
</html>
```
此段代码中我们定义了三个按钮分别调用 drawImage 的不同应用方式，保存代码并在浏览器中运行，得到的效果如图 5-17 所示。

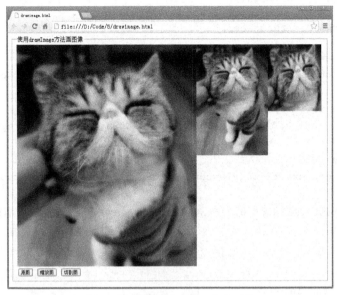

图 5-17 使用 drawImage 方法画图

图 5-17 中显示的三个图像从左到右分别对应了 drawImage 的三种应用方式：原图、缩放图、切割图。

5.4.2 图像平铺

除了缩放和切割以外，HTML5 还支持图像平铺。所谓平铺指的是，用按一定比例缩小的图像填满画布。HTML5 中通过调用画布上下文对象的 createPattern 方法实现图像平铺，该方法应用格式为：

```
createPattern(image,type)
```

其中参数 image 为被平铺的图像对象，type 表示图像平铺方式。type 可取值有四种，取值说明如表 5-3 所示。

表 5-3   图像平铺类型说明

类型	说明
no-repeat	不平铺图像
repeat-x	水平方向平铺图像
repeat-y	垂直方向平铺图像
repeat	全方向平铺图像

下面通过一个例子演示图像平铺效果，示例代码如下。

```
<!DOCTYPE html>
<html>
```

```
<meta charset="gb2312" />
<script>
function draw(i)
{
    var canvas = document.getElementById("myCanvas");
    var context = canvas.getContext("2d");
    var image = new Image();
    image.src= "tinycat.jpg";
    image.onload = function()
    {
        if(i==1)
            context.fillStyle=context.createPattern(image,"repeat-x"); //设置横向平铺
        else if(i==2)
            context.fillStyle=context.createPattern(image,"repeat-y"); //设置纵向平铺
        else
            context.fillStyle=context.createPattern(image,"repeat"); //设置全向平铺
        context.fillRect(0,0,canvas.width,canvas.height); //填充画布
    }
}
</script>
<fieldset>
<legend>图像平铺</legend>
<canvas id="myCanvas" width="800px" height="500px">
</canvas>
<br>
<button onclick="draw(1)">横向平铺</button>
<button onclick="draw(2)">纵向平铺</button>
<button onclick="draw(3)">全向平铺</button>
</fieldset>
</html>
```

此段代码中我们定义了三个按钮分别使用横向平铺、纵向平铺以及全向平铺三种平铺方式。保存代码并在浏览器中运行，得到的效果分别如图 5-18、图 5-19 及图 5-20 所示。

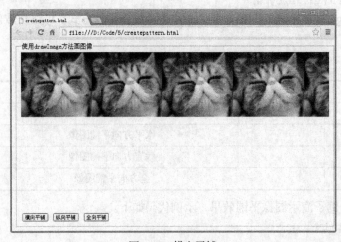

图 5-18　横向平铺

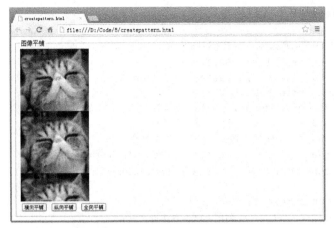

图 5-19 纵向平铺

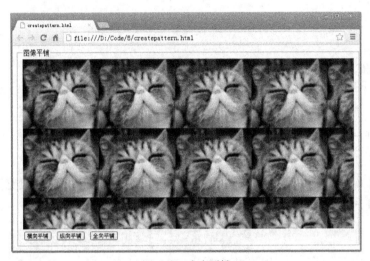

图 5-20 全向平铺

5.4.3 图像剪裁

除了前面介绍的 drawImage 方法的第三种应用格式,可以实现将原图片切割一部分置入画布外,还可以对完整置入画布的图片进行图像剪裁。HTML5 中提供了 clip 方法用于实现图像剪裁,该方法不需要提供参数,但是在调用前需要使用路径方式在画布中绘制剪裁区域,然后才能调用 clip 方法对指定区域进行剪裁。

下面通过一个例子介绍 clip 方法的应用方式及实际效果,示例代码如下。

```
<!DOCTYPE html>
<html>
<meta charset="gb2312" />
<script type="text/JavaScript">
function draw()
{
    var canvas = document.getElementById("myCanvas");
    var context = canvas.getContext("2d");
    var image = new Image();
    image.src="cat.jpg";
```

```
        image.onload = function()
        {
            //绘制一个心形边框，用于剪裁图像
            context.translate(250,120);
            var r=0 , a=100 , start = 0 , end= 0;
            context.rotate(Math.PI);
            for(var q=0; q<500; q++){
                start += Math.PI * 2 /500;
                end = start + Math.PI * 2 /500;
                r=a * (1-Math.sin(start))+60;   //心形极坐标表示法
                context.arc(0,0,r,start,end,false);
            }
            context.stroke();
            context.clip();   //调用 clip 方法进行剪裁
            context.drawImage(image,0,0); //绘图
        }
    }
</script>
<fieldset>
<legend>图像剪裁</legend>
<canvas id="myCanvas" width="600px" height="400px">
</canvas>
<br>
<button onclick="draw()">图像剪裁</button>
</fieldset>
</html>
```

本例通过定义一个心形图形，对指定图像进行剪裁。保存此段代码并在浏览器中运行，得到的结果如图 5-21 所示。

图 5-21　使用 clip 方法进行剪裁

通过图像剪裁，我们得到了一个类似于照片相框的显示效果。

5.4.4 像素处理

通过处理画布中绘制图像的像素，可以产生特殊的视觉效果。在 HTML5 中可以在加载图像时，调用画布上下文对象的 getImageData 方法来获取图像中的像素，调用 putImageData 方法将处理后的像素重新绘制在画布中。下面分别介绍这两个方法的具体应用方法。

1. getImageData

该方法用于获取指定区域内的像素，应用格式为：

```
getImageData(sx,sy,sw,sh);
```

各参数说明如下。

- ✓ sx：选取图像区域起点横坐标。
- ✓ sy：选取图像区域起点纵坐标。
- ✓ sw：选取图像区域的宽度。
- ✓ sh：选取图像区域的高度。

getImageData 方法执行后将返回一个 CanvasPixelArray 类型的对象，该对象的 data 属性是一个数组，这个数组保存了选定区域内所有像素数据的颜色参数，数组内容格式类似 [r1,g1,b1,a1,r2,g2,b2,a2,r3,g3,b3,a3,…]，其中 r1、g1、b1、a1 对应选定区域内第一个像素的红色值、绿色值、蓝色值以及透明度值，r2、g2、b2、a2 对应选定区域内第二个像素的红色值、绿色值、蓝色值以及透明度值，依次类推。

2. putImageData

该方法用于将处理后的像素重新绘制在指定区域内，应用格式为

```
putImageData(imagedata,dx,dy[,dirtyX,dirtyY,dirtyW,dirtyH]);
```

各参数说明如下。

- ✓ imagedata：通过 getImageData 方法获取的像素集合对象。
- ✓ dx：重新绘制图像起点的横坐标。
- ✓ dy：重新绘制图像起点的纵坐标。
- ✓ dirtyX、dirtyY、dirtyW、dirtyH：这四个参数为可选参数，对应了一个矩形区域的起点横坐标、纵坐标、宽度和高度。如果对这四个参数进行赋值，则重新绘图时只在这四个参数定义矩形区域内绘制图像。

下面通过一个例子介绍 HTML5 中像素处理的具体实现方式及效果，示例代码如下。

```
<!DOCTYPE html>
<html>
<meta charset="gb2312" />
<script type="text/JavaScript">
function draw()
{
    var canvas = document.getElementById("myCanvas");
    var context = canvas.getContext("2d");
    var image = new Image();
    image.src="cat.jpg";
    image.onload = function()
    {
        //绘制一个心形边框，用于剪裁图像
        context.translate(250,120);
        var r=0 , a=100 , start = 0 , end= 0;
```

```
            context.rotate(Math.PI);
            for(var q=0; q<500; q++){
                start +=  Math.PI * 2 /500;
                end = start + Math.PI * 2 /500;
                r=a * (1-Math.sin(start))+60;  //心形极坐标表示法
                context.arc(0,0,r,start,end,false);
            }
            context.stroke();
            context.clip();   //调用 clip 方法进行剪裁
            context.drawImage(image,0,0);  //绘图
        }
    }
</script>
<fieldset>
<legend>图像像素处理</legend>
<canvas id="myCanvas" width="600px" height="400px">
</canvas>
<br>
<button onclick="draw()">像素处理</button>
</fieldset>
</html>
```

保存此段代码并在浏览器中运行,得到的结果如图 5-22 所示。

图 5-22　像素处理

如果在 Chrome 浏览器运行此段程序不能正确显示运行效果,可以尝试使用 Firefox 浏览器。

5.5　canvas 其他操作

画布元素除了可以绘制图形、图像,还可以绘制文字,保存、还原绘制图形。接下来将分别

介绍这几种应用的实现方式。

5.5.1 绘制文字

绘制文字功能是通过画布上下文对象的 fillText 方法以及 strokeText 方法实现的。下面分别介绍这两种方法。

1. fillText

该方法用于在画布中以填充的方式绘制文字，应用格式如下：

```
fillText(content,dx,dy[,maxLength])
```

参数说明如下。

- ✓ content：文字内容信息。
- ✓ dx：绘制文字开始点的横坐标。
- ✓ dy：绘制文字开始点的纵坐标。
- ✓ maxLength：可选参数，表示绘制文字的最大长度。

2. strokeText

该方法用于在画布中以描边的方式绘制文字，应用格式如下：

```
strokeText(content,dx,dy[,maxWidth])
```

该方法必填参数含义与 fillText 方法相同，可选参数 maxWidth 表示绘制文字的最大宽度。

在 HTML5 中调用上面两个方法绘制文字时，还要设置画布上下文对象绘制文字的相关属性，各属性及说明如表 5-4 所示。

表 5-4　　　　　　　　　　绘制文字相关属性说明

属　　性	说　　明
font	可设置字体样式、大小、粗细、行距等 CSS 样式
textAlign	设置文本对齐方式，可取值为 start、end、left、right、center
textBaseline	设置文本相对于起点坐标的位置，可取值为 top、bottom、middle

下面通过一个例子介绍 fillText 和 strokeText 方法的具体应用，示例代码如下。

```
<!DOCTYPE html>
<html>
<meta charset="gb2312" />
<script>
function draw()
{
    var canvas = document.getElementById("myCanvas");
    var context = canvas.getContext("2d");
    drawText(context,"bold 40px impact",20,50,"stroke");
    drawText(context,"bold 40px sans ms",50,100,"fill");
}
function drawText(context,font,x,y,fillType)
{
    context.font = font;
    context.textAlign = "left";
    context.textBaseline = "top";
    if (fillType == "fill")
    {
```

```
                context.fillText("HTML5 绘制文字",x,y)
            }
            else
            {
                context.strokeText("HTML5 绘制文字",x,y);
            }
        }
    </script>
    <fieldset>
    <legend>绘制文字</legend>
    <canvas id="myCanvas" width="400px" height="200px">
    </canvas>
    <br>
    <button onclick="draw()">绘图</button>
    </fieldset>
</html>
```

本例中自定义 JavaScript 方法的 drawText 中，根据传入参数类型不同分别调用 fillText 方法和 strokeText 方法绘制文字。保存此段代码并在浏览器中运行，得到的结果如图 5-23 所示。

图 5-23 绘制文字

5.5.2 保存、恢复图形

当我们在画布中绘制多个图形，并需要在图形之间进行切换，此时就需要对之前绘制好的图形进行保存，HTML5 提供了 save 方法保存已绘制的图形。当需要显示已绘制图形时，调用 restore 方法即可还原保存的图形。

save 方法和 restore 方法不需任何参数，直接使用画布上下文对象进行调用即可。下面通过一个例子介绍这两个方法的具体应用方式及效果，示例代码如下。

```
<!DOCTYPE html>
<html>
<meta charset="gb2312" />
<script>
var i=0;
function draw()
{
```

```
            i++;
            var canvas = document.getElementById("myCanvas");
            var context = canvas.getContext("2d");
            context.clearRect(0,0,400,200); //清空指定区域
            if (i==1)  //绘制一个红色填充矩形区域
            {
                context.fillStyle="red";
                context.fillRect(10,10,100,50);
            }
            else if (i==2)  //绘制一个黄色填充矩形区域
            {
                context.fillStyle="yellow";
                context.fillRect(30,40,100,50);
            }
            else
            {
                context.fillRect(50,70,100,50);
            }
        }
        function save()  //保存图形
        {
            var canvas = document.getElementById("myCanvas");
            var context = canvas.getContext("2d");
            context.save();
        }
        function restore()  //还原图形
        {
            var canvas = document.getElementById("myCanvas");
            var context = canvas.getContext("2d");
            context.restore();
        }
    </script>
    <fieldset>
    <legend>绘制文字</legend>
    <canvas id="myCanvas" width="400px" height="200px">
    </canvas>
    <br>
    <button onclick="draw()">绘图</button>
    <button onclick="save()">保存</button>
    <button onclick="restore()">还原</button>
    </fieldset>
    </html>
```

此段代码中每单击一次"绘图"按钮，全局变量 i 值加 1。第一次单击"绘图"按钮，将绘制一个红色填充的矩形区域。第二次单击"绘图"按钮，将绘制一个黄色填充的矩形区域。如果在绘制完第一个矩形或第二个矩形后单击"保存"按钮，则将对应矩形保存。单击"还原"按钮后再次单击"绘图"按钮进行第三次绘图时，会将保存的图形输出。

保存此段代码并在浏览器中执行，分别按照以下顺序操作。

（1）单击"绘图"按钮绘制红色矩形区域。

（2）单击"保存"按钮保存图形。

（3）单击"绘图"按钮绘制黄色矩形区域。

（4）单击"还原"按钮还原保存图形。
（5）单击"绘图"按钮绘制图形。
得到的结果如图 5-24 所示。

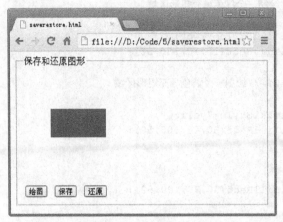

图 5-24 保存和还原图形操作

此例中，如果不执行保存及还原操作，第三次绘图将会继承第二次绘图的上下文环境，从而绘制出一个黄色的矩形区域。

5.6 制作动画

在 HTML5 中通过绘制图形、清除图形、再绘制图形、再清除图形的方式，可以实现简单的动画效果。具体实现步骤分为两步。

（1）编写绘图方法，用于实现绘制或清除图形。

（2）编写 JavaScript 方法并调用 setInterval 方法设置绘图动作执行间隔，以实现自动绘图、清除操作，形成动画效果。其中 setInterval 方法有两个参数，第一个参数用于设置要执行的绘图方法，第二个参数用于设置时间间隔，单位为毫秒。

下面通过一个例子介绍 HTML5 中动画的实现方式及效果，示例代码如下。

```
<!DOCTYPE html>
<html>
<meta charset="gb2312" />
<script>
var x=0,y=0;
//绘制矩形，其中矩形的起始点坐标为动态增加
function move()
{
    var canvas = document.getElementById("myCanvas");
    var context = canvas.getContext("2d");
    context.clearRect(0,0,400,200);
    if (x<400)
    {
        x++;
    }
    if (y<200)
```

```
        {
            y++;
        }
        context.fillRect(x,y,50,50);
}
function draw()
{
    var canvas = document.getElementById("myCanvas");
    var context = canvas.getContext("2d");
    context.fillStyle = "red";
    context.fillRect(0,0,50,50);
    setInterval(move,200);  //每200毫秒调用move方法一次
}
</script>
<fieldset>
<legend>简单动画效果</legend>
<canvas id="myCanvas" width="400px" height="200px">
</canvas>
<br>
<button onclick="draw()">绘图</button>
</fieldset>
</html>
```

保存此段代码并在浏览器中运行，当单击"绘图"按钮时，一个红色的方块将不断移动，形成动画，效果如图 5-25 和图 5-26 所示。

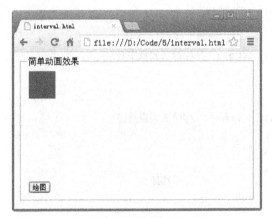

图 5-25　动画开始时方块位置

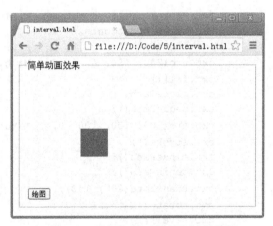

图 5-26　动画执行一段时间后方块位置

5.7　上机实践——绘制时钟

5.7.1　实践目的

使用 HTML5 的 canvas 元素，绘制一个时钟。绘制过程中将综合应用本章的多个技术点，包括坐标变换、旋转、路径绘制线条、弧线、图形保存、恢复、动画应用，等等。通过本上机实践，读者能够熟练掌握 HTML5 中图形、图像的操作方法。

5.7.2 设计思路

时钟的结构主要包括表盘、时针、分针、秒针几个主要部分，其中表盘是固定不变的，时针、分针、秒针随着时间的变化其位置相应也发生改变。根据如上分析，我们设定设计步骤如下。

（1）绘制表盘，包括时钟中心、外圈及刻度线。其中时钟中心和外圈通过绘制圆形实现，刻度线通过绘制矩形实现。

（2）绘制时针、分针和秒针。

（3）添加动画操作，使时针、分针以及秒针随时间变化改变位置。

5.7.3 实现过程

根据上面的设计思路，我们设计代码如下。

```html
<html>
<script type="text/JavaScript">
var slen = 70;   //定义秒针长度
var mlen = 65;   //定义分针长度
var hlen = 45;   //定义时针长度
var ls = 0;
var lm = 0;
var lh = 0;
function draw()
{
    var c = document.getElementById("myCanvas");
    var cxt = c.getContext("2d");
    cxt.beginPath();
    cxt.arc(200, 150, 4, 0, 2 * Math.PI, true);      //绘制表盘中心
    cxt.fill();
    cxt.closePath();
    cxt.beginPath();
    cxt.arc(200, 150, 100, 0, 2 * Math.PI, true);    //绘制表盘外围
    cxt.stroke();
    cxt.closePath();
    cxt.beginPath();
    cxt.translate(200, 150);                          //平移原点
    cxt.rotate(-Math.PI / 2);
    cxt.save();
    for (var i = 0; i < 60; i++)                      //绘制矩形刻度线
    {
      if (i % 5 == 0)
      {
      cxt.fillRect(80, 0, 20, 5);
      }
      else
      {
         cxt.fillRect(90, 0, 10, 2);
      }
      cxt.rotate(Math.PI / 30);                       //每绘制一个刻度线旋转一次
    }
    cxt.closePath();
    setInterval("Refresh();", 1000);  //每1秒钟调用 refresh 方法刷新时针、分针、秒针位置
```

```
}
function Refresh()
{
    var c = document.getElementById("myCanvas");
   var cxt = c.getContext("2d");
    cxt.restore();
    cxt.save();
    cxt.rotate(ls * Math.PI / 30);
    cxt.clearRect(5, -1, slen+1, 4);   //清除秒针上次显示内容
    cxt.restore();
    cxt.save();

    cxt.rotate(lm * Math.PI / 30);
    cxt.clearRect(5, -1, mlen+1, 5);   //清除分针上次显示内容
    cxt.restore();
    cxt.save();

    cxt.rotate(lh * Math.PI / 6);
    cxt.clearRect(5, -3, hlen+1, 6);   //清除时针上次显示内容
    var time = new Date();
    var s = ls=time.getSeconds();      //获取当前时间（秒钟）
    var m = lm=time.getMinutes();      //获取当前时间（分钟）
    var h = lh=time.getHours();        //获取当前时间（小时）
    cxt.restore();
    cxt.save();
    cxt.rotate(s * Math.PI / 30);      //根据秒钟数设置秒针位置
    cxt.fillRect(5, 0, slen, 2);       //重新绘制秒针
    cxt.restore();
    cxt.save();
    cxt.rotate(m * Math.PI / 30);      //根据当前分钟数设置分针位置
    cxt.fillRect(5, 0, mlen, 3);       //重新绘制分针
    cxt.restore();
    cxt.save();
    cxt.rotate(h * Math.PI / 6);       //根据当前小时数设置时针位置
    cxt.fillRect(5, -2, hlen, 4);      //重新绘制时针
}
</script>
<body>
<fieldset>
    <legend>绘制时钟</legend>
   <canvas id="myCanvas" width="400" height="300"></canvas>
    <br>
    <button onClick="draw()">绘图</button>
</fieldset>
</body>
</html>
```

5.7.4 演示效果

保存上面的代码，并在浏览器中运行，当单击"绘图"按钮时得到一个时钟，时钟指示时间是当前运行程序的电脑时间。实际运行效果如图 5-27 所示。

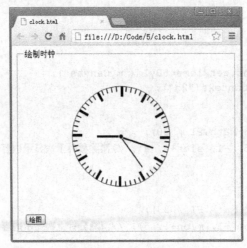

图 5-27 时钟运行效果

小 结

本章从 canvas 元素的基础知识开始讲解，主要介绍了 canvas 坐标系的概念，如何使用路径绘制线条、弧形，如何设置图形样式并操作图形，并介绍了 HTML5 对图像的各种处理，然后还介绍了使用 canvas 元素绘制文字，保存、恢复图形的方法。最后，介绍了简单动画的实现原理及方式。

习 题

（1）请简要说明 canvas 坐标系的结构。
（2）绘制弧线过程中所用到的弧度与角度是如何转化的？
（3）请使用图像剪裁的手段，将一个图片制作成方形相框效果。
（4）请绘制一个矩形区域，并在矩形区域内绘制一段文字。

第 6 章
HTML5 的元素拖曳

拖曳是桌面应用中最为常见的一种操作，很多复杂的操作流程可能只需要一个简单的拖曳操作即可实现。然而早期的 Web 应用是不支持拖曳操作的，即便后来随着 IE6 等越来越多的浏览器支持了拖曳操作，由于没有合适的、简便的实现方法，Web 应用中的拖曳始终是一个难以解决的技术难题。

HTML5 为元素拖曳行为提供了相关的 API，方便开发人员对页面元素设置拖曳动作及相应处理。本章将介绍如何在 HTML5 中实现元素拖曳。

6.1 曾经的拖曳解决方案

过去我们在网页上实现元素的拖曳及处理，是一件非常痛苦的事情，需要通过判断鼠标单击事件、鼠标移动事件、鼠标移动位置。幸好近些年来诞生了一些优秀的 JavaScript 库，例如 jQuery、Ext JS 等等。这些 JavaScript 库文件封装了拖曳相关的 JavaScript 代码，用户要想使用拖曳功能，需要在相应页面中引用对应的 JavaScript 库并调用其所提供的 API。但是由于这些封装好的 JavaScript 库文件为了兼容多种不同核心的浏览器，往往需要针对不同浏览器编写不同的处理方法，直接导致了库文件体积的剧增。一个本来只有几 KB 大小的页面，由于引入第三方 JavaScript 库文件，体积将增大到几十 KB 甚至上百 KB。在提升了页面效果的同时，降低了页面加载速度，增大了网络流量。

即便了解使用第三方 JavaScript 库的弊端，众多的网页开发人员还是热衷于在 Web 应用中使用拖曳技术，主要是因为拖曳能够为用户带来全新的体验，大大简化了某些操作的流程。试想，当我们在网页中想要上传一个本地硬盘中的文件信息时，在传统的页面中，我们需要单击页面上的"浏览"按钮，然后一级一级地找到指定文件，然后再单击页面中的上传按钮，完成整个流程。如果使用拖曳，用户只需将待上传文件直接拖曳到网页中的指定位置，即可完成操作。这两种操作模式比较起来，无疑拖曳更胜一筹。

既然我们不想放弃拖曳的操作体验，又不想使用庞大的第三方 JavaScript 库，还有什么其他解决方案吗？答案就是 HTML5 所提供的原生的拖曳功能。

6.2 HTML5 中拖曳的实现方法

在 HTML5 中实现拖曳非常简单，只要将元素的 draggable 属性设置为 true，对应的元素就可以被拖曳了。在 HTML5 中拖曳元素将触发一系列的事件，用于对拖曳动作进行相应处理。这些事件及说明如表 6-1 所示。

表 6-1　　　　　　　　　　　　　　　　HTML5 拖曳事件

事件名称	作用对象	说　　明
dragstart	被拖曳元素	拖曳动作开始时触发
drag	被拖曳元素	拖曳动作执行时触发
dragenter	被拖曳元素	被拖曳元素进入某元素时触发
dragover	被拖曳元素	被拖曳元素在某元素内移动时触发
dragleave	目标元素	被拖曳元素离开目标元素时触发
drop	目标元素	被拖曳元素完全进入目标元素且被接收时触发
dragend	被拖曳元素	拖曳动作结束时触发

下面通过一个例子介绍 HTML5 中拖曳事件的具体应用及使用效果，示例代码如下。

```html
<!DOCTYPE HTML>
<html>
<style>
img{width:100px;height:100px}
</style>
<body>
    <div id="src">
       <img draggable="true" src="b.jpg" id="b"/>
       <img draggable="true" src="c.jpg" id="c"/>
       <img draggable="true" src="d.jpg" id="d"/>
         <img draggable="true" src="e.jpg" id="e"/>
    </div>
        <div id="target" style="border-style:solid;width: 200px;height:200px; margin-top:20px">
            <p>将选择的图片拖曳到这里</p>
        </div>
     <span id="msg"></span>
     <script>
        var src = document.getElementById("src");
        var target = document.getElementById("target");
          var msg = document.getElementById("msg");
        var draggedID;

        src.ondragstart = function (e) {//开始拖曳元素时触发
          draggedID = e.target.id;  //获取拖曳对象 ID
            msg.innerHTML="开始拖曳："+draggedID;
        }

        target.ondragenter = function (e){//拖曳时鼠标进入目的元素时触发
            msg.innerHTML="进入目的元素";
            e.preventDefault();
         }

        target.ondragover = function (e){//拖曳时鼠标在目的元素内移动时触发
            msg.innerHTML="在目的元素内移动";
```

```
            e.preventDefault();
        }
        
        src.ondragend = function (e){//拖曳动作结束时触发
            msg.innerHTML="结束拖曳";
        }
        
        target.ondrop = function (e) {//在目的元素内释放拖曳元素时触发
            var newElem = document.getElementById(draggedID).cloneNode(false);
            target.innerHTML = "";
            target.appendChild(newElem);
            e.preventDefault();
        }
        
    </script>
</body>
</html>
```

保存此段代码并在浏览器中运行,得到的效果如图 6-1 所示。

图 6-1 初始化效果

当我们选中第二张图片,并将其拖曳到下面的黑色方框时,得到的效果如图 6-2 所示。

图 6-2 拖曳后的效果

执行拖曳操作后，我们发现第二张图片显示在黑色方框内。通过此例的学习我们发现一个典型的拖曳动作需要经过以下步骤。

（1）开始拖曳。
（2）被拖曳元素进入目标区域。
（3）被拖曳元素在目标区域内活动。
（4）释放拖曳。
（5）目标区域接受被拖曳元素。

6.3 dataTransfer 对象

HTML5 中提供了 dataTransfer 对象专门用于处理拖曳过程中产生的数据信息，该对象的属性及说明如表 6-2 所示。

表 6-2　　　　　　　　　　　　　　dataTransfer 属性说明

属性名称	说　　明
effectAllowed	用于设置或返回指定元素被拖曳时被允许的显示效果，可以设定的值包括"none" "copy" "copyLink" "copyMove" "link" "linkMove" "move" "all" "uninitialized"
dropEffect	用于设置或返回指定被拖曳元素释放拖曳的显示效果，该属性设置的值必须在 effectAllowed 设置范围内，否则无效
items	用于返回 DataTransferItemList 对象
types	用于返回已保存的数据类型，如果是文件操作则返回文件型字符串
files	用于返回被拖曳的文件列表

下面介绍 DataTransfer 对象较为常用的几个方法。

1. setData(format, data)

该方法用于将指定类型的数据信息存入 dataTransfer 对象，参数 format 表示保存的数据类型，参数 data 表示数据内容。在 6.2 节的例子中，为了实现将拖曳元素置入目标区域，我们使用了全局变量的形式来保存被拖曳元素的编号。除了这种方式外，还可以使用 dataTransfer 对象保存。对 6.2 示例中的 dragstart 事件对应方法进行修改，示例代码如下。

```
src.ondragstart = function (e) {//开始拖曳元素时触发
    e.dataTransfer.setData("Text", e.target.id); //使用dataTransfer保存拖曳元素ID
    msg.innerHTML="开始拖曳："+draggedID;
}
```

2. getData(format)

该方法用于从 dataTransfer 对象中读取指定类型的数据信息，参数 format 表示读取的数据类型。对 6.2 示例中的 drop 事件对应方法进行修改，示例代码如下。

```
target.ondrop = function (e) {//在目的元素内释放拖曳元素时触发
    var droppedID = e.dataTransfer.getData("Text"); //从dataTransfer中获取拖曳元素ID
    var newElem = document.getElementById(draggedID).cloneNode(false);
    target.innerHTML = "";
```

```
        target.appendChild(newElem);
          e.preventDefault();
    }
```

3. clearData(format)

该方法用于从 dataTransfer 对象中移除指定类型的数据信息，参数 format 表示移除的数据类型。

4. setDragImage(image,x,y)

该方法用于设置拖曳过程中鼠标指针显示的图标，当没有显示调用 setDragImage 方法进行设置时，拖曳图标将使用默认样式。该方法中，参数 image 用于设定拖曳图标的图像元素，x 用于设定图标与鼠标指针在 x 轴方向的距离，y 用于设定图标与鼠标指针在 y 轴方向的距离。对 6.1 节中的示例增加拖曳图标显示，修改 dragstart 事件对应的方法，示例代码如下。

```
src.ondragstart = function (e) {　//开始拖曳元素时触发
    draggedID = e.target.id;　　　　//获取拖曳对象 ID
    var img = document.createElement("img");
    img.src = "ico.jpg";
    e.dataTransfer.setDragImage(img,-10,-10);
    msg.innerHTML="开始拖曳："+draggedID ;
}
```

6.4　文件拖曳操作

细心的读者或许已经发现，在上一节中介绍 dataTransfer 对象属性时，提到了文件相关的属性，在 HTML5 中可以通过拖曳操作，调用文件接口，实现本地文件的相关操作。

下面通过一个例子，介绍如何使用拖曳操作移动本地文件，示例代码如下。

```
<!DOCTYPE HTML>
<html>
<body>
    <div id="target" style="border-style:solid;width:200px;height:200px;margin-top:20px">
        <p>将您本地的文件拖曳到这里</p>
    </div>
    <table id="data" border="1">
    </table>
    <script>
        var target = document.getElementById("target");
        target.ondragenter = handleDrag;
        target.ondragover = handleDrag;

        function handleDrag(e) {
            e.preventDefault();
        }

        target.ondrop = function (e) {
            var files = e.dataTransfer.files;
            var tableElem = document.getElementById("data");
            tableElem.innerHTML = "<tr><th>文件名</th><th>文件类型</th><th>文件大小</th></tr>";
```

```
                        for (var i = 0; i < files.length; i++) {
                            var row = "<tr><td>" + files[i].name + "</td><td>" + files[i].type
+ "</td><td>" + files[i].size + "</td></tr>";
                            tableElem.innerHTML += row;
                        }
                        e.preventDefault();
                    }
            </script>
        </body>
</html>
```

本段代码中通过 HTML5 文件接口，获取拖曳文件的信息，包括文件名称、文件类型以及文件大小，并将文件信息显示在表格中。保存此段代码并在浏览器中运行，得到的效果如图 6-3 所示。

图 6-3　未拖曳文件前的效果

选中本地的 1 个或多个文件并拖曳到黑色方框内时，得到的效果如图 6-4 所示。

图 6-4　拖曳文件后的效果

6.5 上机实践——拖曳式点菜界面

6.5.1 实践目的

应用 HTML5 的拖曳技术,实现一个点菜界面,在已有的菜品中,为指定顾客点选、分配。

6.5.2 设计思路

假设有三位顾客,每种菜品只能分配给任意一位顾客,对于没有人选择的菜品,可以进行删除。分配菜品使用拖曳形式,当将某一菜品拖曳至顾客对应物品栏时,其他顾客将无法再次选择此菜品。根据如上分析,我们设定设计步骤如下。

(1)设计界面,包括两大部分,一是顾客物品栏区域,二是已有菜品区域。
(2)对各区域添加相应拖曳事件。

6.5.3 实现过程

根据上面的设计思路,我们设计代码如下。

```html
<html>
<head>
<style type="text/css">
table, td
{
    border-color: #e6e6e6;
    border-style: solid;
}
</style>
<script>
function dragIt(target, e) {
    e.dataTransfer.setData('SpanImg', target.id);
}
function dropIt(target, e) {
    var id = e.dataTransfer.getData('SpanImg');
    target.appendChild(document.getElementById(id));
    e.preventDefault();
}
function trashIt(target, e) {
    var id = e.dataTransfer.getData('SpanImg');
    removeElement(id);
    e.preventDefault();
}
function removeElement(id)    {
    var d_node = document.getElementById(id);
    d_node.parentNode.removeChild(d_node);
}
</script>
</head>
<body>
<center>
<table width="100%" border="1" cellspacing=0 cellpadding=5>
```

```html
            <tr>
                <td colspan="3" align="center">
                    <b>请将选择的菜品和果品拖曳至对应顾客下方区域</b>
                </td>
            </tr>
            <tr bgcolor="#F2F2F2">
                <td width="30%" class="tableheader" align="center">
                    <p>顾客 A</p>
                </td>
                <td width="30%" class="tableheader" align="center">
                    <p>顾客 B</p>
                </td>
                <td width="30%" class="tableheader" align="center">
                    <p>顾客 C</p>
                </td>
            </tr>
            <tr>
                <td width="30%" align="center" id="customA" ondrop="dropIt(this, event)" ondragenter="return false" ondragover="return false">
                    <span draggable="true" id="A" ondragstart="dragIt(this, event)"> </span>
                </td>
                <td width="30%" align="center" id="customB" ondrop="dropIt(this, event)" ondragenter="return false" ondragover="return false">
                    <span draggable="true" id="B" ondragstart="dragIt(this, event)"> </span>
                </td>
                <td width="30%" align="center" id="customC" ondrop="dropIt(this, event)" ondragenter="return false" ondragover="return false">
                    <span draggable="true" id="C" ondragstart="dragIt(this, event)"> </span>
                </td>
            </tr>
        </table>
        <br>
        <br>
        <table width="100%" border="1" cellspacing=0 cellpadding=5>
            <tr bgcolor="#F2F2F2">
                <td class="tableheader" width="80%" valign="top" align="left">
                    <p>可选择的菜品及果品</p>
                </td>
                <td width="20%" class="tableheader" valign="top" align="center">
                    <p>删除</p>
                </td>
            </tr>
            <tr>
                <td width="80%" valign="bottom" align="left" id="holder" ondrop="dropIt(this, event)" ondragenter="return false" ondragover="return false">
                    <span draggable="true" id="1" ondragstart="dragIt(this, event)"><img src="img/1.jpg"></span>
                    <span draggable="true" id="2" ondragstart="dragIt(this, event)"><img src="img/2.jpg"></span>
                    <span draggable="true" id="3" ondragstart="dragIt(this, event)"><img src="img/3.jpg"></span>
                    <span draggable="true" id="4" ondragstart="dragIt(this, event)"><img src="img/4.jpg"></span>
```

```
                <span draggable="true" id="5" ondragstart="dragIt(this, event)"><img
src="img/5.jpg"></span>
                <span draggable="true" id="6" ondragstart="dragIt(this, event)"><img
src="img/6.jpg"></span>
                <span draggable="true" id="7" ondragstart="dragIt(this, event)"><img
src="img/7.jpg"></span>
                <span draggable="true" id="8" ondragstart="dragIt(this, event)"><img
src="img/8.jpg"></span>
                <span draggable="true" id="9" ondragstart="dragIt(this, event)"><img
src="img/9.jpg"></span>
                <span draggable="true" id="10" ondragstart="dragIt(this, event)">
<img src="img/10.jpg"></span>
                <span draggable="true" id="11" ondragstart="dragIt(this, event)">
<img src="img/11.jpg"></span>
            </td>
            <td width="20%" valign="middle" align="center">
                <span id="bucket3" ondragenter="return false" ondragover="return
false" ondrop="trashIt(this, event)">
                    <img src="img/trash.png" draggable="false">
                </span>
            </td>
        </tr>
    </table>
    </center>
    </body>
    </html>
```

6.5.4 演示效果

保存上面的代码,并在浏览器中运行,初始界面如图 6-5 所示。

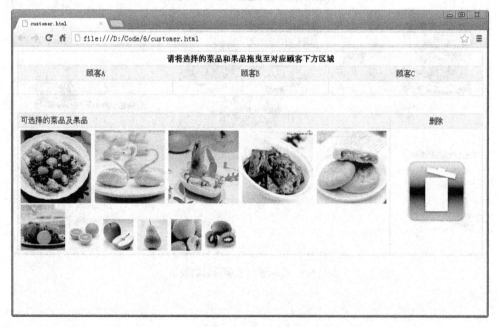

图 6-5 点菜初始界面

通过拖曳操作分别为顾客分配菜品及果品后,得到的效果如图 6-6 所示。

对于顾客不想要的菜品,可以拖曳回原位置,或者直接拖曳至垃圾桶图标进行删除。例如,将顾客 A 的梨子拖回原处，将顾客 C 的猕猴桃删除，得到的效果如图 6-7 所示。

图 6-6　为顾客分配菜品后的效果

图 6-7　拖回原处及删除后的效果

小　　结

本章通过与之前的拖曳技术对比开始介绍 HTML5 中拖曳技术的实现，主要介绍了 HTML5

中元素拖曳的相关事件、dataTransfer 对象的用法以及文件的拖曳操作。

习 题

（1）HTML5 中拖曳包括哪几种事件？
（2）dataTransfer 对象如何保存数据？
（3）编写一个页面，该页面包含两个 DIV 元素：div1 和 div2，其中 div1 中包含三张图片。请使用 HTML5 的元素拖曳技术，实现已有图片在两个 div 区域之间的拖曳操作。

第 7 章
HTML5 的数据存储

随着网络应用的不断发展，为了提高应用的执行效率提升用户体验，越来越多的 Web 应用程序需要在客户端存储数据。在 HTML4 中最为常见的客户端存储方式就是借助于 Cookie，然而，使用 Cookie 存储数据存在诸多不便，例如，可存储数据空间有限，安全性差，操作复杂，等等。

HTML5 摒弃了 Cookie 的数据存储方式，提供了新的客户端数据存储机制。本章将主要介绍如何在 HTML5 中实现数据的客户端存储。

7.1 为什么需要数据存储

Web 应用最核心、最基本的工作内容，就是数据在网络上的交互。一个最简单的 Web 请求流程是这样的：客户端发出请求到服务器端，服务器根据请求内容作出处理，并将处理结果返回给客户端。然而在这个流程中，客户端要发送什么样的数据给服务器端，服务器端要返还什么样的数据给客户端，在不同的应用环境会存在很大的区别。如果每次请求和响应的数据量都很大，不仅会给服务器带来很大的压力，也会给用户体验带来负面影响。一个最简单的例子，当用户访问某个网站的首页时，浏览器一直在缓冲却迟迟不显示内容，用户肯定会失去耐心。

Web 应用的开发者一直都在探寻如何能够让应用更加丰富多彩，使传输更加快捷的方法。多年来人们认识到网络的带宽是有限的，而传输的数据却是无限的，因此减少不必要数据的传输，是一种有效缓解服务器压力、提升用户体验行之有效的办法。通过将一些不经常更新的数据存储在客户端的手段，减少服务器端和客户端之间的数据传输，这就是我们即将介绍的客户端存储。近年来，随着智能手机操作系统的普及以及 4G 网络的飞速发展，使用手机、平板电脑等无线设备，通过无线网络的上网模式已经逐步代替了使用电脑的上网模式。而对于无线网络应用来说，客户端存储的意义变得更加重要。

经过多年发展，诞生了多种基于客户端的存储技术，例如，Cookie、DOM Storage、Flash SharedObject、Google Gears、Open Database、Silverlight 及 User Data 等。在 HTML5 中使用的是 Web Storage，所以我们主要针对这种存储方式进行讲解。

7.2 Web Storage

Web Storage 是一种非常重要而且常用的技术，目前已经被大多数浏览器厂商接受和采用，个别浏览器厂商也把这种技术称为"本地存储"或者"DOM 存储"。

7.2.1　Web Storage 与 Cookie 的比较

Cookie 是一直以来被广泛应用，也饱受争议的一种客户端存储技术。HTML5 中不再使用 Cookie 而是转向 Web Storage 存储数据，现在对这两种客户端存储技术进行比较。

1．相同点

虽然 Web Storage 与 Cookie 是两种不同的技术，但是二者之间还是存在着一些相似之处。

（1）二者的数据存储量最大值都有限制，Cookie 最大可以存储 4KB 的数据，而 Web Storage 最大可以存储 5MB 的数据。

（2）二者存储的数据内容都可以被用户创建、修改和删除。

（3）二者都可以被禁止使用。

（4）二者存储的数据空间都是以域名为单位分配的。

（5）基于安全性考虑，二者都不适合存储重要的数据信息。

2．不同点

（1）Web Storage 保存的数据只能在客户端查询，不能被服务器端访问。

（2）Web Storage 存储的数据不会随着请求在客户端和服务器端之间来回传递。

（3）Web Storage 存储的数据不能明确指定过期时间。

7.2.2　Web Storage 的两种存储方式

Web Storage 提供了两种不同的存储方式，一种是 sessionStorage，另一种是 localStorage，下面我们将分别对这两种存储方式进行讲解。

1．sessionStorage

sessionStorage 用于保存会话数据。在存储页面数据的过程中，使用 sessionStorage 对象保存的数据，实际上被存储在 session 对象中，该数据随着 session 对象生命周期的结束而销毁。例如关闭浏览器或注销等销毁 session 对象的同时，也会清空 sessionStorage 所保存的数据信息。

使用 sessionStorage 保存数据，需要调用该对象的 setItem()方法，应用格式如下：

```
sessionStorage.setItem(key,value)
```

其中参数 key 为保存数据的名称，参数 value 为保存数据的值。使用 setItem()方法存储数据时，一旦名称被设定将不允许修改，也不允许重复。

使用 sessionStorage 读取数据，需要调用该对象的 getItem()方法，应用格式如下：

```
sessionStorage.getItem(key)
```

其中参数 key 为保存数据的名称，返回值为对应指定名称的数据值。如果指定的名称不存在，会返回 null。

下面通过一个例子介绍 sessionStorage 的具体使用方法，示例代码如下。

```
<!DOCTYPE html>
<meta charset="gb2312" />
<script>
function save()
{
    var name = document.getElementById("name").value;
    sessionStorage.setItem("name",name);  //将信息存入 sessionStorage
}
```

```
function read()
{
    var result = document.getElementById("result");
    result.innerHTML = sessionStorage.getItem("name");  //从 sessionStorage 中读取
```
信息
```
}
</script>
<fieldset>
<legend>sessionStorage 的应用</legend>
<input type="text" id="name" value=""/>
<br>
<span id="result"></span><br>
<button onclick="save()">保存</button>
<button onclick="read()">读取</button>
</fieldset>
```
此段代码中，定义的保存按钮将文本输入框中的输入信息存入名称为"name"的 sessionStorage 对象中，"读取"按钮将保存信息取出并显示。在浏览器中执行此段代码得到的效果如图 7-1 所示。

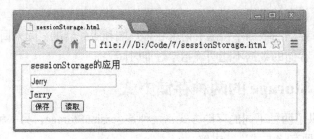

图 7-1　sessionStorage 的应用

通过上面的执行结果，我们发现 sessionStorage 起到了应有的作用。当我们关闭浏览器并重新打开此页面，再单击"读取"按钮时不会显示之前保存的信息"Jerry"。因为浏览器关闭时 session 对象被注销，sessionStorage 保存的数据信息也被清空。

2. localStorage

localStorage 用于保存本地数据。使用 sessionStorage 对象不能够长久保存数据信息，于是 HTML5 提供了 localStorage 对象将数据保存在客户端，只要不手动清除，localStorage 中的数据将被长久保存。

使用 localStorage 保存数据和读取数据的方法与 sessionStorage 对象相同，保存数据需要调用 setItem()方法，读取数据需要调用 getItem()方法。此外，localStorage 对象还提供了一个清除保存数据信息的方法 removeItem()，该方法的应用格式如下：

```
localSotrage.removeItem(key)
```

其中参数 key 为要清除的数据信息名称。

下面通过一个例子介绍 localStorage 的具体使用方法，示例代码如下。

```
<!DOCTYPE html>
<meta charset="gb2312" />
<script>
function save()
{
    var name = document.getElementById("name").value;
    localStorage.setItem("name",name);
```

```
}
function read()
{
    var result = document.getElementById("result");
    result.innerHTML = localStorage.getItem("name");
}
function remove()
{
    localStorage.removeItem("name");
}
</script>
<fieldset>
<legend>localStorage 的应用</legend>
<input type="text" id="name" value=""/>
<br>
<span id="result"></span><br>
<button onclick="save()">保存</button>
<button onclick="read()">读取</button>
<button onclick="remove()">清除</button>
</fieldset>
```

此段代码中，定义的"保存"按钮将文本输入框中的输入信息存入名称为"name"的 localStorage 对象中，"读取"按钮将保存信息取出并显示，"清除"按钮将删除保存数据信息。在浏览器中执行此段代码，得到的效果如图 7-2 所示。

图 7-2　localStorage 的应用

当我们输入信息"Jerry"并单击"保存"按钮后，即使关闭浏览器重新访问此页面，单击"读取"按钮仍然可以显示"Jerry"。但是当我们单击"清除"按钮后，再单击"读取"按钮时将不会显示，因为指定信息已经从 localStorage 对象中删除了。

7.2.3　localStorage 的多数据操作

对于前面所介绍的 localStorage 操作，都是针对单条数据信息的。而在实际应用中，将会有多条信息被存储。本节将介绍在多条数据信息环境下 localStorage 是如何处理数据的。

1．读取多条数据信息

要想读取 localStorage 中存储的多条数据信息，需要借助 Javasalipt 循环语句以及 localStorage 对象的 key 和 length 属性。其中 key 属性的作用是通过指定索引编号获取对应的存储数据，length 属性的作用是获取 localStorage 对象存储数据数量。

下面通过一个例子介绍如何读取 localStorage 中存储的多条数据信息，示例代码如下。

```
<!DOCTYPE html>
<meta charset="gb2312" />
```

```
<script>
function save()
{
    localStorage.setItem("name","Jerry");
    localStorage.setItem("age","29");
    localStorage.setItem("email","yuqi987@sohu.com");
}
function read()
{
    var result = document.getElementById("result");
    for(var i=0; i<localStorage.length; i++)
    {
        var key = localStorage.key(i);              //通过 key 属性及索引编号获取名称
        var value = localStorage.getItem(key);      //通过名称获取数据值
        result.innerHTML += "key : "+key+" , value : "+value+"<br>";
    }
}
</script>
<fieldset>
<legend>localStorage 的应用</legend>
<span id="result"></span><br>
<button onclick="save()">保存</button>
<button onclick="read()">读取</button>
</fieldset>
```

此段代码中，在 save 方法中分别存入三条数据信息：name、age 以及 email。在 read 方法中通过循环遍历 localStorage 对象获取存入的三条数据并进行显示。在浏览器中运行此段代码，得到的结果如图 7-3 所示。

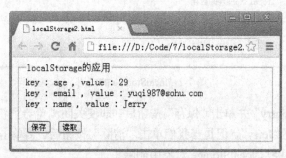

图 7-3　多条数据信息的读取

2. 删除多条数据信息

在前面我们介绍过，可以通过 localStorage 的 removeItem 方法清空指定数据。如果 localStorage 中保存了多条数据，我们可以通过循环遍历 localStorage 对象，逐一调用 removeItem 方法进行清除。但是这么做比较麻烦且效率不高，此时可以利用 localStorage 的另一个方法 clear，清除当前 localStorage 对象中保存的所有数据信息。

在前面的例子中，我们增加一个 JavaScript 方法 removeAll，调用 clear 方法清空 localStorage 中的所有数据。

```
function removeAll()
{
    localStorage.clear();
}
```

同时增加一个按钮触发该方法：

```
<button onclick="removeAll()">清空所有数据</button>
```

当我们在浏览器中运行代码，单击"清空所有数据"按钮后，再单击"读取"时，将不会有任何信息显示，说明 clear 方法已经将所有保存过的数据清空。

7.3 Web SQL 数据库

上一节介绍的 Web Storage 存储技术，虽然能够在各主流浏览器上实现数据信息本地存储，但是这种以键值对形式存储信息的手段，在特定的运行环境下仍然存在操作不便，且数据空间受限（最多 5MB）的弊端。除了 Web Storage 以外，我们还有另外一种选择，可以实现数据的客户端存储，那就是使用 Web SQL 数据库。Web SQL 内置了 SQLite 数据库，允许使用 JavaScript 代码控制数据库操作。如果开发人员对 SQL 语法比较了解的话，可以很快掌握 Web SQL 的使用。下面我们将详细介绍 Web SQL 的相关应用。

7.3.1 创建数据库

Web SQL 提供了关系型数据库的基本功能，可以存储页面交互过程中产生的各种复杂数据。通过 Web SQL 既可以临时保存客户端输入的数据，又能缓存从服务器端获取的数据。Web SQL 支持多浏览器的并发操作，各个存储动作不会发生数据冲突。

要想使用 Web SQL 存储数据，首先必须创建一个 Web SQL 数据库或打开一个现有的 Web SQL 数据库。创建或打开数据库需调用方法 openDatabase，该方法的应用格式如下：

```
openDatabase(daName,dbVersion,dbDescribe,dbSize[,callback()]);
```

各参数说明如下。

（1）dbName：指定数据库的名称。

（2）dbVersion：指定数据库的版本号。

（3）dbDescribe：指定数据库的描述说明。

（4）dbSize：指定数据库的大小，单位为字节。

（5）callback()：可选参数，当设定此参数时，可指定成功创建或打开数据库后执行的回调函数。

调用 openDatabase 方法时，将根据 dbName 参数判断指定的数据库是否存在，如果存在则打开该数据库，如果不存在则创建该数据库。

下面通过一个例子介绍 openDatabase 方法的具体应用方式，示例代码如下：

```
<!DOCTYPE html>
<meta charset="gb2312" />
<script>
function initDatabase() {
   if (!window.openDatabase) {
      alert('浏览器不支持 Web SQL 数据库.');
   } else {
      var dbName = 'myDB'; //定义数据库名称
      var dbVersion = '1.0'; //定义数据库版本
      var dbDec = 'DEMO Database'; //定义数据库说明信息
```

```
        var dbSize = 100000; //  定义数据库大小
        //创建数据库，并调用showResult方法
        DB = openDatabase(dbName, dbVersion, dbDec, dbSize,showResult());
    }
}
function showResult()
{
    var result = document.getElementById("result");
    result.innerHTML ='数据库创建成功';
}
</script>
<fieldset>
<legend>openDatabase 的应用</legend>
<span id="result"></span><br>
<button onclick="initDatabase()">打开/创建</button>
</fieldset>
```

保存此段代码并在浏览器中运行，当单击"打开/创建"按钮时，得到的效果如图 7-4 所示。

图 7-4　创建 Web SQL 数据库

本例我们是在 Chrome 浏览器中运行的，通过浏览器自带的调试工具（在浏览器中按快捷键 F12 可以调出调试工具界面）我们也可以看到，在左侧 Web SQL 节点下，已经创建了一个名为 myDB 的数据库。

7.3.2　Web SQL 的增删改查

创建了数据库以后我们就可以对数据库执行相关的操作了，在 Web SQL 数据库中可以通过 JavaScript 调用 executeSql()方法来执行相应的 SQL 语句。下面主要介绍如何建立新数据表，如何

插入数据、删除数据、更新数据以及如何查询数据。

1. 执行流程

Web SQL 数据库中的 SQL 语句操作都是按照以下步骤执行的。

（1）打开数据库（如果没有指定数据库则需创建数据库）。

（2）开启一个事务。

（3）执行相应的 SQL 语句。

事务是指作为单个逻辑工作单元执行的一系列操作。事务处理可以确保除非事务性单元内的所有操作都成功完成，否则不会永久更新面向数据的资源。通过将一组相关操作组合为一个要么全部成功要么全部失败的单元，可以简化错误恢复并使应用程序更加可靠。一个逻辑工作单元要成为事务，必须满足ACID（原子性、一致性、隔离性和持久性）四个属性。

在 Web SQL 中开启事务的语法格式如下：

```
db.transaction(function(tx){
     tx.executeSql('sql')
});
```

其中 db 用于指定当前操作的数据库对象，"sql"为待执行的 SQL 语句。executeSql 方法的完整语法格式如下：

```
tx.executeSql('sql 语句',
       [params],
       function(tx,rs){},
       function(tx,error)
);
```

其中"params"为 SQL 语句中所需参数对应值，如果 SQL 语句不需要额外参数，"params"可置空。"function(tx,rs)"为 SQL 语句成功执行后的回调函数，其中参数"rs"为执行语句后的返回值，例如 SQL 语句为查询语句时，将返回查询结果集。"function(tx,error)"为 SQL 语句执行失败后的回调函数。

2. 建表方法

在 Web SQL 数据库中创建一个新的数据表的语法如下：

```
tx.executeSql('create table [if not exists] tablename (column1, column2, ...) ');
```

其中"tablename"用于指定建立数据表的名称，"column1,column2,..."用于指定创建表所包含的列。"if not exists"在建表语句中可有可无，一旦加上了"if not exits"的设置，在创建新数据表之前首先会判断该表是否已经存在，如果指定数据表已经存在则不会执行建表操作。

3. 插入数据方法

在 Web SQL 数据库中向指定数据表插入数据的语法如下：

```
tx.executeSql('insert into tablename(column1,column2,column3) values(?,?,?)',[param1,param2,param2]);
```

其中"tablename"用于指定插入待数据的数据表的名称，"column1,column2,column3"用于指定待插入数据对应的列，"?,?,?"和"param1,param2,param3"分别对应即将插入的数据值。

4. 删除数据方法

在 Web SQL 数据库中向指定数据表插入数据的语法如下：

```
tx.executeSql('delete from tablename where column1=?',[param]);
```

其中"tablename"用于指定待删除数据的数据表的名称，"column1"用于指定待删除数据对应的列名,"param"用于指定参数值。

5. 更新数据方法

在 Web SQL 数据库中更新指定数据的语法如下:

```
tx.executeSql('update tablename set column1=?,column2=?,column3=?',[param1,
param2,param2]);
```

其中"tablename"用于指定待更新数据的数据表的名称,"column1,column2,column3"用于指定待更新数据对应的列名,"?,?,?"和"param1,param2,param3"分别对应更新的数据值。

6. 查询数据方法

在 Web SQL 数据库中查询数据的语法如下:

```
tx.executeSql('select column1,column2,... from tablename where column1=?',[param]);
```

其中"column1,column2,..."用于指定待查询的数据列的名称,如果查询所有数据列可以直接使用"*"代替。"tablename"用于指定待查询数据所在表的表名,"conditions"用于指定查询条件。

下面我们通过一个例子来介绍在 Web SQL 数据库中执行相关数据操作的具体流程和方法,示例代码如下:

```
<!DOCTYPE html>
<meta charset="gb2312" />
<script>
var DB;
//创建数据库方法
function initDatabase() {
    if (!window.openDatabase) {
        alert('浏览器不支持Web SQL 数据库.');
    } else {
        var dbName = 'myDB'; //定义数据库名称
        var dbVersion = '1.0'; //定义数据库版本
        var dbDec = 'DEMO Database'; //定义数据库说明信息
        var dbSize = 100000; //定义数据库大小
        DB = openDatabase(dbName, dbVersion, dbDec, dbSize,showResult('数据库创建成功')); //创建数据库,并调用showResult方法
    }
}
//创建数据表方法
function createTable()
{
    DB.transaction(function(tx){
        tx.executeSql(
            'create table if not exists USERINFO(USERNAME,EMAIL)',
            [],
            showResult('数据表创建成功')
        );
    });
}
//插入数据方法
function insertData()
{
    DB.transaction(function(tx){
        tx.executeSql(
```

```
                'insert into USERINFO(USERNAME,EMAIL) values(?,?)',
                ["Jerry","yuqi987@sohu.com"],
                function(tx,rs){
                    showResult('添加成功');
                },
                function(tx,error){
                    showResult('添加失败');
                }
            );
        });
    }
    function updateData()
    {
        DB.transaction(function(tx){
            tx.executeSql(
                'update USERINFO set EMAIL=?',
                ["jerry.yq@gmail.com"],
                function(tx,rs){
                    showResult('更新成功');
                },
                function(tx,error){
                    showResult('更新失败');
                }
            );
        });
    }
    function queryData()
    {
        DB.transaction(function(tx){
            tx.executeSql(
                'select * from USERINFO',
                [],
                function(tx,rs){
                    var msg ='';
                    for(var i=0;i<rs.rows.length;i++)
                    {
                        msg += 'username : '+rs.rows.item(i).USERNAME+ ' , email : ' +rs.rows.item(i).EMAIL + "<br>";
                    }
                    showResult(msg);
                }
            );
        });
    }
    function deleteData()
    {
        DB.transaction(function(tx){
            tx.executeSql(
                'delete from USERINFO',
                [],
                function(tx,rs){
                    showResult('删除成功');
                },
                function(tx,error){
```

```
                    showResult('删除失败');
                }
            );
        });
    }
    function showResult(msg)
    {
        var result = document.getElementById("result");
        result.innerHTML =msg;
    }
</script>
<fieldset>
<legend>Web SQL 建表、插入及查询操作</legend>
<span id="result"></span><br>
<button onclick="initDatabase()">创建数据库</button>
<button onclick="createTable()">创建数据表</button>
<br>
<button onclick="insertData()">插入数据</button>
<button onclick="updateData()">更新数据</button>
<button onclick="queryData()">查询所有数据</button>
<button onclick="deleteData()">删除所有数据</button>
</fieldset>
```

保存此段代码并在浏览器中运行，分别执行如下操作。

（1）创建数据库并创建表。

（2）单击"插入数据"按钮，显示插入成功后，单击"查询所有数据"按钮，得到的结果如图 7-5 所示。

图 7-5　插入并查询数据

（3）单击"更新数据"按钮，显示更新成功后，单击"查询所有数据"按钮。得到的结果如图 7-6 所示。

图 7-6　更新并查询数据

（4）单击"删除所有数据"按钮，显示删除成功后，单击"查询所有数据"按钮。得到的结果如图 7-7 所示。

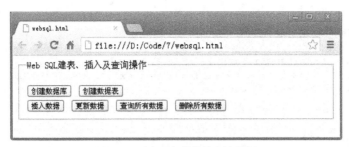

图 7-7　删除所有数据并查询数据

7.4　上机实践——注册与登录

7.4.1　实践目的

注册和登录是网络应用中不可或缺的部分，主要涉及的技术包括注册信息存入数据库和从数据库中读取注册信息。本实践通过使用 HTML5 的数据存储技术，实现注册和登录功能。

7.4.2　设计思路

为了实现注册和登录功能，需要操作界面及数据存储两部分内容的设计和实现。根据如上分析，我们设定设计步骤如下。
（1）设计注册界面以及登录界面。
（2）设计数据库及数据表结构。
（3）为注册界面及登录界面添加注册及登录事件。

7.4.3　实现过程

根据上面的设计思路，我们设计代码如下。

```
<!DOCTYPE html>
<meta charset="gb2312" />
<script>
var DB;
//创建数据库方法
function initDatabase() {
    if (!window.openDatabase) {
        alert('浏览器不支持 Web SQL 数据库.');
    } else {
        var dbName = 'mydb'; //定义数据库名称
        var dbVersion = '1.0'; //定义数据库版本
        var dbDec = 'DEMO Database'; //定义数据库说明信息
        var dbSize = 100000; //定义数据库大小
```

```javascript
            DB = openDatabase(dbName, dbVersion, dbDec, dbSize); //创建数据库
        }
    }
    //创建数据表
    function createTable()
    {
        DB.transaction(function(tx){
            tx.executeSql('create table if not exists USERINFO(USERNAME,PASSWORD,EMAIL,HOBBY)');
        });
    }
    //注册方法
    function register()
    {
        initDatabase();
        createTable();
        var username = document.getElementById("username").value;
        var password = document.getElementById("password").value;
        var email = document.getElementById("email").value;
        var hobby = document.getElementById("hobby").value;
        DB.transaction(function(tx){
            tx.executeSql(
                'select * from USERINFO where USERNAME=?',
                [username],
                function(tx,rs){
                    if (rs.rows.length>0)  //用户名已经存在
                    {
                        alert("该用户名已经存在，请使用其他用户名注册。");
                    }
                    else
                    {
                        DB.transaction(function(tx){
                            tx.executeSql( //将新用户注册信息插入数据库
                                'insert into USERINFO(USERNAME,PASSWORD,EMAIL,HOBBY) values(?,?,?,?)',
                                [username,password,email,hobby],
                                function(tx,rs){
                                    alert('注册成功');
                                },
                                function(tx,error){
                                    alert('注册失败');
                                }
                            );
                        });
                    }
                }
            );
        });
    }
    //登录方法
    function login()
    {
        initDatabase();
        var username = document.getElementById("login_username").value;
```

```
            var password = document.getElementById("login_password").value;
            DB.transaction(function(tx){
                tx.executeSql(
                    'select * from USERINFO where USERNAME=? and PASSWORD=?',
                    [username,password],
                    function(tx,rs){
                        if (rs.rows.length==0)  //未查询到指定用户名与密码的用户信息
                        {
                            alert("登录失败");
                        }
                        else
                        {
                            var msg ='';
                            for(var i=0;i<rs.rows.length;i++)
                            {
                                msg += '您好, '+rs.rows.item(i).USERNAME
                                    +'\n\n 您的 email 是 : ' +rs.rows.item(i).EMAIL
                                    +'\n\n 您的爱好是:'+rs.rows.item(i).HOBBY;
                            }
                            alert(msg);
                        }
                    }
                );
            });
        }
    </script>
    <body>
        <div>
            <div style="float:left;border-style:outset;width:300px;height:300px">
                <center>
                    <h2>注册新用户</h2>
                    <table>
                        <tr>
                            <td>用户名</td>
                            <td><input type="text" id="username"/></td>
                        </tr>
                        <tr>
                            <td>密码</td>
                            <td><input type="password" id="password"/></td>
                        </tr>
                        <tr>
                            <td>电子邮箱</td>
                            <td><input type="text" id="email"/></td>
                        </tr>
                        <tr>
                            <td>兴趣爱好</td>
                            <td><input type="text" id="hobby"/></td>
                        </tr>
                        <tr>
                            <td colspan="2" align="right">
                                <input type="button" value="注册新用户" onclick="register()"/>
                            </td>
                        </tr>
```

```
            </table>
          </center>
       </div>
       <div style="float:left;border-style:outset;margin-left: 30px;width:300px;height:300px">
          <center>
          <h2>用户登录</h2>
          <table>
             <tr>
                <td>用户名</td>
                <td><input type="text" id="login_username"/></td>
             </tr>
             <tr>
                <td>密码</td>
                <td><input type="password" id="login_password"/></td>
             </tr>
             <tr>
                <td colspan="2" align="right">
                   <input type="button" value="用户登录" onclick="login()"/>
                </td>
             </tr>
          </table>
          </center>
       </div>
    </div>
  </body>
```

7.4.4 演示效果

保存上面的代码，并在浏览器中运行，得到的效果如图 7-8 所示。

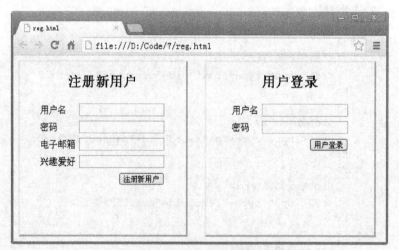

图 7-8　注册登录界面

首先注册一个新用户，在注册新用户区域输入相应信息并单击"注册新用户"按钮后，得到的提示信息如图 7-9 所示。

当注册成功以后，再次以相同用户名继续注册时，系统会给出错误提示，禁止注册，如图 7-10 所示。

图 7-9 注册成功显示效果

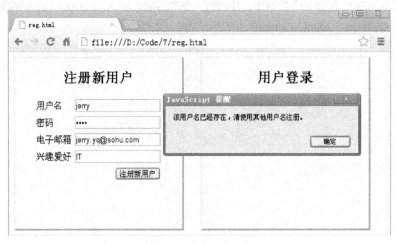

图 7-10 重复注册信息提示

在登录区域输入刚才注册的用户名及密码，并单击"登录"按钮时，得到的提示信息如图 7-11 所示。

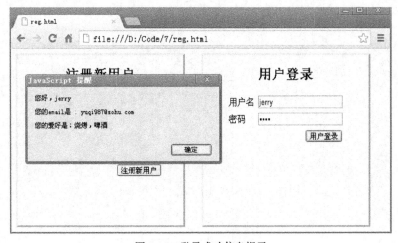

图 7-11 登录成功信息提示

小 结

本章首先介绍了客户端数据存储的必要性及客户端数据存储的常用技术,然后对 HTML5 中采用的两种客户端数据存储技术(Web Storage 以及 WebSQL)进行了详细的讲解。

习 题

(1)什么是客户端数据存储,为什么要使用客户端数据存储?
(2)Web Storage 的存储方式有哪几种?
(3)使用 Web SQL 创建一个数据库,并创建一个产品信息表 ProductInfo,包含字段 ProductName、price、MFG、Quantity、Manuafacturer。

第 8 章
HTML5 离线应用及地理位置应用

除了前面介绍过的技术点以外，HTML5 中还有一些其他的应用比较广泛且非常实用的技术，例如，离线应用、地理位置应用、网络通信应用、多线程应用等。本章主要介绍离线应用以及地理位置应用。

8.1 离线应用

所有基于 Web 的应用，其基本模式都是通过服务器端与客户端的实时数据交互来实现的。如果离开了网络通信，客户端与服务器端失去联系，应用将无法正常运行。为了使用户在脱离网络环境时，也可以正常使用 Web 应用，HTML5 提供了一种离线应用机制，将 Web 应用数据缓存在本地，以解决上述问题。

8.1.1 离线应用的工作原理

为了使 Web 应用在离线状态下也能够正常工作，就必须把 Web 应用相关的资源文件全部保存在本地。对于一般的网站来说，资源文件包括 HTML 文件、CSS 文件、JavaScript 脚本文件。当客户端脱离网络环境时，可以根据当前访问的网络地址，找到并加载缓存在本地的相应资源文件，以达到离线应用的效果。

为了提高页面加载速度，浏览器本身也会缓存一部分页面信息，但是 HTML5 中应用的本地缓存与浏览器缓存主要在以下三个方面存在不同。

（1）浏览器缓存只针对单个网页，本地缓存针对的是整个 Web 应用。
（2）浏览器缓存所有浏览过的页面，本地缓存可缓存指定页面。
（3）浏览器缓存信息不可人为控制，本地缓存可人为控制。

8.1.2 管理本地缓存

离线存储是通过 manifest 文件来管理的，需要服务器端的支持，不同的服务器开启支持的方式也是不同的。manifest 文件是一个扩展名为 ".manifest" 的简单文本文件，该文件用于配置哪些资源文件需要被缓存，哪些不需要被缓存，同时资源文件的访问路径也需要在 manifest 中进行配置。实际应用中，可以为每个页面单独指定 manifest 文件，也可以整个 Web 应用使用一个 manifest 文件。当配置好 manifest 文件以后，在页面中通过 html 元素的 manifest 属性指定当前的 manifest 文件，页面加载时将自动缓存 manifest 中配置的资源文件。

一个标准的 manifest 文件主要包含以下几个节点。

（1）CACHE：表示离线状态下，浏览器需要缓存到本地的资源文件列表。当为某个页面编写 manifest 文件时，不需要将该页面配置在列表中，因为浏览器会自动将当前页面进行缓存。

（2）NETWORK：表示在线状态下，需要访问的资源文件列表。配置在 NETWORK 列表中的资源文件，只有在客户端与服务器端建立通信时才能被访问。当 NETWORK 列表设置为 "*" 时，表示除 CACHE 列表中资源文件缓存到本地外，其他资源文件都不缓存。

（3）FALLBACK：FALLBACK 中配置的信息都是成对出现的，前面的资源文件不可访问时，将使用后面的文件进行访问。

下面我们以一个简单的 manifest 文件为例，介绍该文件的构成，manifest 示例代码如下：

```
CACHE MANIFEST
#version 0.0.0

CACHE:
JS/test.js
Css/test.css
Images/test.jpg

NETWORK:
Index.aspx

FALLBACK:
/Project/Index.aspx  /Bak/Project/Index.aspx
```

在配置 manifest 文件时需要注意以下 3 点。

（1）所有的 manifest 文件，第一行都必须为 "CACHE MANIFEST"。

（2）manifest 文件中的注释信息以#开头。

（3）一个 manifest 文件中允许多次出现 CACHE、NETWORK、FALLBACK 节点。

8.1.3 applicationCache 检测及更新缓存

HTML5 中的 applicationCache 对象是一个本地缓存对象，利用该对象的相关方法事件可以检测本地缓存的状态并可以更新本地缓存。下面我们将对 applicationCache 常用的属性、方法及事件进行简单介绍。

1. status 属性

status 属性用于返回是否有可更新的本地缓存信息，该属性返回值及说明如表 8-1 所示。

表 8-1　　　　　　　　　　　　　status 属性返回值说明

返 回 值	说　　明
0	表示本地缓存不存在或处于不可用状态
1	表示本地缓存内容已经为最新状态，无需更新
2	表示正在检查 manifest 文件状态，判断该文件配置是否发生变动
3	表示已确定 manifest 文件状态，正在下载
4	表示本地缓存内容已更新
5	表示本地缓存已被删除

2. updateReady 事件

updateReady 事件用于检测本地缓存是否更新完毕，当 manifest 文件被更新且浏览器载入新的资源文件时会触发 updateReady 事件。

3. swapCache 方法

swapCache 方法用于手动更新本地缓存信息，该方法只能在 applicationCache 的 updateReady 事件触发时调用。

4. update 方法

除了使用 swapCache 方法可以更新本地缓存信息外，还可以通过直接调用 applicationCache 对象的 update 方法手动更新本地缓存。

8.1.4 检测在线状态

在使用 HTML5 的离线应用时需要注意，本地缓存的数据信息都是处于在线状态时获取并缓存在本地的，当处于离线状态时缓存信息被调用，当再次处于在线状态时缓存信息被更新。因此在整个流程中，判断是否处于在线状态十分重要。在 HTML5 中有两种方式检测在线状态。

1. 使用 onLine 属性

HTML5 中提供了一个 navigator 对象，利用该对象的 onLine 属性，可以判断当时是在线状态还是离线状态。onLine 属性的应用格式如下：

```
navigator.onLine
```

当 onLine 属性返回 true 时表示在线，当 onLine 属性返回 false 时表示离线，该属性会随着网络环境的变化而发生改变。

2. 使用 online 与 offline 事件

虽然 onLine 属性能够返回在线状态，但是该属性具有延迟性，不能及时更新并反映网络环境的变化。在 HTML5 中还可以通过调用 online 与 offline 事件检测在线状态，这两个时间是基于 body 对象触发的，因此时效性要优于 onLine 属性。使用监听方式应用 online 及 offline 事件的格式如下：

```
window.addEventListener("online",function(){
//相关处理代码
});
window.addEventListener("offline",function(){
//相关处理代码
});
```

8.2 地理位置应用

地理位置应用是 HTML5 中一个新颖的技术，通过使用 Geolocation API 可以获取当前用户的地理位置信息。如果在具有 GPS 导航芯片且浏览器支持的移动设备中，可以非常精确地定位当前用户所处的地理位置。如果没有 GPS 导航芯片，则只能大概定位用户位置。

8.2.1 Geolocation 的工作原理

Geolocation API 获取用户地理位置主要通过以下 3 种手段。

1. GPS 信息

GPS 是获取地理位置信息最为有效也最为精确的方法，通过 GPS 卫星可以精确地计算出用户当前所处的经度、纬度以及海拔信息。

2. IP 定位

在没有 GPS 的情况下，例如，用户使用台式电脑访问网络时，也可以根据用户的 IP 信息大致确定用户所处的地理位置。但是这种方式精度很差，有时甚至会产生错误的定位信息。

3. 无线网络定位

此定位方式主要针对手机等通信设备，根据手机发送接收信号所使用的信号基站，大致确定用户所在的区域。此定位方式也不是十分精确，其精度取决于信号基站的分布密度。

8.2.2 获取当前地理位置

使用 getCurrentPosition 方法可以获取当前用户所处的地理位置信息，该方法的应用格式如下：
```
void getCurrentPosition(onSuccess, onError[, options]);
```
其中参数 onSuccess 为成功获取当前地理位置时执行的回调函数，参数 onError 为未成功获取当前地理位置信息时执行的回调函数，options 参数为可选属性列表。下面分别对这三个参数进行介绍。

1. onSuccess 回调函数

该回调函数可接受一个 position 对象，该对象包含了地理位置的坐标信息。使用 position 对象可以很容易地获取用户地理位置信息，如下面的代码所示。

```
navigator.geolocation.getCurrentPosition(
    function(position){
        var coords = position.coords;  //获取 coords 对象
        var latitude = coords.latitude;  //获取纬度
        var longitude = coords.longitude;  //获取经度
    }
);
```

2. onError 回调函数

该回调函数可接收一个 error 对象，该对象包含了两个属性：code 和 message。其中 code 属性可能的取值分别如下。

- ✓ 属性值为 "PERMISSION_DENIED"：用户拒绝位置服务。
- ✓ 属性值为 "POSITION_UNAVAILABLE"：获取不到位置信息。
- ✓ 属性值为 "TIMEOUT"：获取位置信息超时。
- ✓ 属性值为 "UNKNOWN_ERROR"：未知错误。

Message 属性为一个错误信息的字符串。使用错误回调函数的示例代码如下所示。

```
navigator.geolocation.getCurrentPosition(
    function(position){
        // 省略
    },
    function(error){
        switch(error.code){
            case 1 :
                alert('用户拒绝位置服务');
                break;
            case 2:
                alert('获取不到位置信息');
                break;
            case 3:
```

```
                        alert('获取位置信息超时');
                        break;
                }
        }
);
```

3. options 参数

该参数包括以下可选属性。

- ✓ enableHighAccuracy：用于指定是否要求高精度的地理位置信息。
- ✓ timeout：用于指定获取地理位置的超时时间。
- ✓ maximumAge：用于指定对地理位置信息缓存的有效时间。

8.2.3 监视地理位置信息

使用 watchCurrentPosition 方法可以定期、持续获得当前用户的地理位置信息，该方法应用格式如下：

```
int watchCurrentPosition(onSuccess,onError[,options])
```

该方法的参数与 getCurrentPosition 方法相同。

8.2.4 停止获取当前地理位置信息

使用 clearWatch 方法可以设置停止获取当前用户的地理位置信息，该方法应用格式如下：

```
void clearWatch(watchID)
```

其中参数 watchID 为 watchCurrentPosition 方法的返回值。

8.3 上机实践——在搜狗地图中定位

8.3.1 实践目的

本上机实践主要应用 Geolocation 相关技术，实现用户在浏览器中查看自己当前的地理位置信息功能。通过本上机实践，读者将更加深刻地理解地理位置在实际开发中的重要性。

8.3.2 设计思路

通过应用 Geolocation 相关 API，获取当前用户的地理位置信息，然后再通过搜狗地图的 API，获取当前用户地理位置信息，进而实现在搜狗地图中定位当前用户。根据如上分析，我们设定设计步骤如下。

（1）使用 Geolocation API 获取用户地理位置信息。
（2）调用搜狗地图 API 显示用户位置。

8.3.3 实现过程

根据上面的设计思路，我们设计代码如下。

```
<!DOCTYPE html >
<html>
<head runat="server">
```

```
    <script type="text/JavaScript" src="http://api.go2map.com/maps/js/api_v2.0.js">
</script>
    <script type="text/JavaScript">
    var map,mapsEventListener;
    function initialize1() {
        if (navigator.geolocation) {
            navigator.geolocation.getCurrentPosition(
                function(position){
                    var coords = position.coords;
                    var latitude = coords.latitude;  //获取纬度
                    var longitude = coords.longitude;  //获取经度
                    //开始调用搜狗地图API
                    var myLatlng = new sogou.maps.LatLng(latitude,longitude);
                    var myOptions = {
                        zoom: 16,
                        center: myLatlng,
                        mapTypeId: sogou.maps.MapTypeId.ROADMAP
                    }
                    map = new sogou.maps.Map(document.getElementById("map_canvas"), myOptions);
                    var marker = new sogou.maps.Marker({
                        position: myLatlng,
                        map: map,
                        title:"您当前的位置"
                    });
                    var infowindow = new sogou.maps.InfoWindow({ content: "经度: "+longitude+"纬度: "+latitude});
                    mapsEventListener=sogou.maps.event.addListener(marker, 'click', function() {
                        infowindow.open(map,marker);
                    });
                },
                function(error){
                    switch(error.code) {
                        case error.TIMEOUT:
                            alert("超时!");
                            break;
                        case error.POSITION_UNAVAILABLE:
                            alert('无法检测当前位置信息!');
                            break;
                        case error.PERMISSION_DENIED:
                            alert('当前浏览器设置不允许共享位置信息!');
                            break;
                        case error.UNKNOWN_ERROR:
                            alert('未知错误!');
                            break;
                    }
                }
            );
        }
    }
    </script>
    </head>
    <body onload="initialize1()">
```

```
<div id="map_canvas" style="width: 500px; height: 500px"></div>
</body>
</html>
```

8.3.4 演示效果

根据笔者尝试，该例在 Firefox 及 Chrome 浏览器中未能正常显示，因此我们在 Opera 浏览器运行上面的代码。首次运行时，浏览器会提示用户是否允许共享地理位置信息，如图 8-1 所示。

图 8-1　浏览器地理位置权限设置

如果此处我们选择拒绝，并单击"确定"按钮时，将会触发 getCurrentPosition 的错误回调函数，系统将会根据错误类型给出对应的错误提示信息，如图 8-2 所示。

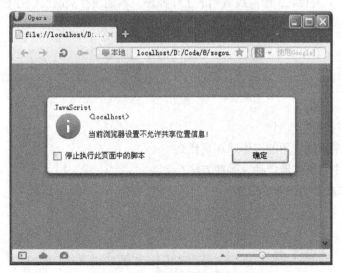

图 8-2　拒绝共享地理位置

如果在设置地理位置权限时选择允许，并单击"确定"按钮时，将加载搜狗地图并定位当前用户所处位置，如图 8-3 所示。

图 8-3　定位并显示用户当前地理位置

小　结

本章主要介绍了 HTML5 中离线应用的工作原理、本地缓存机制及缓存管理，另外还介绍了如何使用 Geolocation API 对地理位置信息处理的方法。

习　题

（1）本地缓存有哪些作用？
（2）HTML5 中离线应用的工作原理是什么？
（3）HTML5 中更新本地缓存有哪些方法？
（4）如何获取当前用户地理位置？

第 9 章 文件系统

在早期的浏览器技术中，处理小量字符串是 js（JavaScript）最擅长的处理之一。但文件处理，尤其是二进制文件处理，一直以来是个难题，我们不得不通过 Flash/ActiveX/NP 插件或云端的服务器处理较为复杂或底层的数据。HTML5 新增对文件操作的功能是非常重要的部分，提供了一种与本地文件系统交互的标准方式 FileAPI。

9.1 FileAPI 用途

在 W3C 中列出了 FileAPI 有以下用途：

1. **断点续传**
- 上传时，先把目标文件复制到本地沙箱，然后分解逐块上传；
- 浏览器崩溃或者网络中断也没关系，因为恢复后可以续传。

2. **需要大量媒体素材的应用，比如视频游戏**
- 下载压缩包，在本地解压，就能恢复之前的目录结构；
- 跨平台访问文件；
- 通过渐进式下载，进入新关卡或者开启新功能时均无需等待，因为运行时所需素材已经通过后台下载完成了；
- 从本地缓存中直接读取素材，提高访问速度；
- 读取二进制文件；
- 使用压缩包可以大大减轻带宽和服务器消耗，也避免了频繁下载碎片文件带来的检索问题。

3. **离线图片/音频编辑器**
- 可频繁读写大量数据；
- 可以只重写文件的某些部分（如修改 ID3 或者 EXIF 信息）；
- 创建目录组织项目后显得更加简洁；
- 编辑完的文件还能被 iTunes、Picasa 等本地应用访问。

4. **离线视频播放器**
- 可下载超过 1G 的大文件；
- 可以在不同时间点间反复跳转播放；
- 能够为 Video 标签提供 URL；

- 即使片子未下载完成,也能先观看已下载的部分;
- 可任意截取一段视频交给 Video 标签播放。

5. **离线邮件客户端**
- 下载保存附件到本地;
- 断网的情况下,可以缓存用户要上传的附件,以后再上传;
- 需要时可以列出缓存里的附件,通过缩略图显示,预览后上传;
- 能像正常服务器那样触发标准的下载动作;
- 不仅能使用 XHR 一次性上传全部内容,还可以把邮件和附件拆解成小块依次发送。

9.2 FileAPI 数据结构及接口标准

FileAPI 规范主要定义了以下数据结构:

1. File 接口,保存着文件的只读属性信息,如文件名、文件类型、文件数据访问的地址;
2. FileList,一个 File 文件组成的数组,表示用户通过<input type="file" multiple/>选择的文件(multiple 表示支持文件多选);
3. Blob 接口,表示原始的二进制数据,通过它可以访问到文件的大小和字节数据;
4. FileReader 接口,它提供了读取一个文件数据的若干方法和事件;
5. FileError、FileException,错误模型。

表 9-1　　　　　　　　　　　　File API 主要接口说明

对象	接口	说明
FileList	FileList[index]	得到第 index 个文件
Blob	size	只读特性,数据的字节数
Blob	slice(start, length)	将当前文件切割并将结果返回

表 9-2　　　　　　　　　　　　File API–FileReader 方法

对象	接口	说明
FileReader	readAsBinaryString(blob/file)	以二进制格式读取文件内容
FileReader	readAsText(file, [encoding])	以文本(及字符串)格式读取文件内容,并且可以强制选择文件编码
FileReader	readAsDataURL(file)	以 DataURL 格式读取文件内容
FileReader	abort()	终止读取操作

表 9-3　　　　　　　　　　　　File API–FileReader 事件

对象	事件	说明
FileReader	onloadstart	读取操作开始时触发
FileReader	onload	读取操作成功时触发
FileReader	onloadend	读取操作完成时触发(不论成功还是失败)

续表

对象	事件	说明
FileReader	onprogress	读取操作过程中触发
FileReader	onabort	读取操作被中断时触发
FileReader	onerror	读取操作失败时触发

表 9-4　　　　　　　　　　　File API–FileReader 属性

对象	事件	说明
FileReader	result	读取的结果（二进制、文本或 DataURL 格式）
FileReader	readyState	读取操作的状态（EMPTY、LOADING、DONE）

9.3　核心代码示例

9.3.1　判断浏览器是否支持

判断浏览器是否支持 FileAPI，通过 Window 对象进行操作，主要代码如下所示：

```
<!DOCTYPE html>
<html>
    <head>
        <meta charset="UTF-8">
        <title></title>
        <style type="text/css">
        #content{width:600px; height:300px; border: 1px solid #ddd;
         overflow: auto; margin-top:10px;}
        </style>
        <script type="text/javascript">
        function isSupportFileApi() {
            if(window.File && window.FileList && window.FileReader && window.Blob) {
                return true;
            }
            return false;
        }
        </script>
    </head>
    <body>
    </body>
</html>
```

9.3.2　获取本地文件

虽然我们可以通过 HTML5 访问本地文件系统，但是 js 只能被动地读取，也就是说只有用户主动触发了文件读取行为，js 才能访问到 File API，HTML5 访问本地文件系统时，需要先获取 File 对象句柄，获取文件句柄的方式主要有两种：

- 表单输入选择文件；

- 拖曳选择文件。

1. 表单输入选择文件

表单提交文件是网页操作中最常见的场景,用户选择文件后,触发了文件选择框的 change 事件,通过访问文件选择框元素的 files 属性可以得到选定的文件列表。如果文件选择框指定了 multiple,则一个文件选择框可以同时选择多个文件,files 包含了所有选择的文件对象;如果没有指定,则只能选择一个文件,files[0]就是所选择的文件对象。

创建 FileReader 对象,以便处理文件:

var reader = new FileReader();

FileReader 对象调用相应的方法 reader.readAsText(file,"gb2312")来读取文件内容,但这个对象的方法都是异步的,也就是说可以不必等待数据而立即读取。与 readerAsText 读取文件类似的方法还有 readAsBinaryString()、readAsDataURL()。

要取得文件内容,首先要处理 onload 事件。

Reader.onload=function(e)当这个事件触发时,就意味数据准备好了。

通过表单选择文件的主要代码如下:

```
<!DOCTYPE html>
<html>
    <head>
        <meta charset="UTF-8">
        <title></title>
        <style type="text/css">
            #fileContent{width:600px; height:300px; border: 1px solid #ddd; overflow: auto; margin-top:10px;}
        </style>
        <script type="text/javascript">
            window.onload = function() {
            var filevar = document.getElementById("fileinput");
            var contentvar = document.getElementById("fileContent");
            filevar.addEventListener("change", function(ev) {
            var event = ev || window.event;
            var files = this.files;
            for (var i = 0, len = files.length; i < len; i++) {
                var reader = new FileReader();
                var file = files[i];
                reader.onload = (function(file) {
                  return function(e) {
                        var div = document.createElement('div');
                        div.innerHTML =this.result;
                        contentvar.insertBefore(div, null);
                   };
            })(file);
            //读取文件内容
            reader.readAsText(file,"gb2312");
         }
      }, false);
   }
</script>
    </head>
    <body>
        <input type="file" name="" id="fileinput" value="" multiple="multiple" />
    </body>
```

```
        <div id="fileContent"></div>
</html>
```

图 9-1 表单选择文件页面

2. 拖曳选择文件

拖曳是另一种常见的文件访问场景，这种方式通过 dataTransfer 的对象来获得拖曳文件列表。

```
<!DOCTYPE html>
<html>
    <head>
        <meta charset="gb2312">
        <title></title>
        <style type="text/css">
        #dragarea{width:100%;height:200px; line-height: 200px; text-align: center; border: 1px solid #DDDDDD;}
            #preview{width:100%;min-height: 400px; border: 1px solid #FF0000;}
        </style>
        <script type="text/javascript">
        window.onload = function(){
        var vArea = document.getElementById("dragarea");
        var vPrev = document.getElementById("preview");
        vArea.ondragenter = function(){
            vArea.innerHTML = "请释放鼠标";
        }
        vArea.ondragleave = function(){
            vArea.innerHTML = "将图片拖放到此区域";
        }
        vArea.ondragover = function(ev){
            ev.preventDefault();
        }
        vArea.ondrop = function(ev){
            ev.preventDefault();
            var files = ev.dataTransfer.files;
            for(var i = 0 , len = files.length;i<len;i++){
                var file = files[i];
                var reader = new FileReader();
                reader.readAsDataURL(file);
                (function(reader){
```

```
                        reader.onload = function(){
                            var vImg = document.createElement("img");
                            vImg.src = this.result;
                            vPrev.appendChild(vImg);
                        }
                    })(reader);
                }
            }
        }
    </script>
    </head>
    <body>
        <div id="dragarea">将图片拖放到此区域</div>
        <h1>图片预览</h1>
        <hr />
        <div id="preview"></div>
    </body>
</html>
```

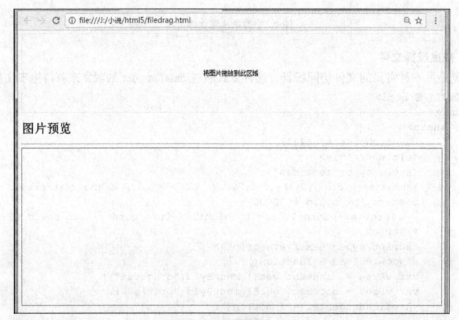

图 9-2 拖曳选择文件页面

9.3.3 Blob 对象

提到 Blob 对象，估计有人会想起 OracleDB 中的 Blob 字段，意义上有些类似。HTML5 中 Blob 表示二进制原始数据，它提供一个 slice()方法，可以通过这个方法访问到字节内部的原始数据块。事实上，上面提到的 file 对象继承了 Blob 对象。

Blob 对象的两个属性，size 表示一个对象的字节长度，type 表示一个对象的 MIME 类型，若是未知类型则返回空字符串。

```
function showFileInfo(){
    var file = document.getElementById('file').files[0];
    var size = document.getElementById('fileType');
    var type = document.getElementById('fileSize');
```

```
size.innerHTML = file.size;
type.innerHTML = file.type;    }
```

9.4 浏览器对 File API 的支持情况

File API 得到了浏览器的支持，但不像 Web 存储那么可靠。表 9-5 展示了浏览器对 File API 的支持情况。

表 9-5　　　　　　　　　　浏览器对 File API 的支持情况

	IE	Firefox	Chrome	Safari	Opera	SafariIos	Android
最低版本	10	3.6	13	6	11.1	6	3

由于 File API 需要一些比普通网页更高的权限，所以通过 JavaScript 来实现浏览器尚未实现的功能是不现实的。因此，需要一个类似 Flash 或 Silverlight 的插件。

小　　结

本章主要介绍了 File API 的数据结构和接口，并介绍了 File API 如何从硬盘上提取文件，直接交给在网页中运行的 JavaScript 代码。

习　　题

（1）FileAPI 包括哪些数据结构和接口？
（2）FileAPI 获得本地文件包括哪两种方式？

第 10 章 Web Worker

在 HTML5 规范中引入了 Web Worker 概念，解决客户端 JavaScript 无法使用多线程的问题。HTML5 Web Worker 为网页脚本提供了能在后台进程中运行的方法，通过将代码交由 Web Workers 运行，而不冻结页面。

10.1 Web Worker 应用场景

在 JavaScript 问世的时候，没有人担心它的性能，只把它当成一种简单的语言，可以在网页中运行的小段脚本，而现在，JavaScript 已经成为网页开发的主流技术。要在网页上加特效或进行一些交互，就要使用 JavaScript。

但是 JavaScript 在处理大计算量的任务时就会导致问题，JavaScript 不提供多线程，只要有任务没有完成就会阻塞页面，直到任务完成，这直接影响到用户使用的效果。为了解决 JavaScript 阻塞页面的问题，很多一线的开发人员想出了各种办法。比如，使用 setInterval()或 setTimeout() 把大任务分成小任务，每次只运行一个小任务。这个办法非常适合某些任务，可是对于那些不能分解的任务，又非常耗时，这个办法会增加复杂性。HTML5 提出了 Web Worker 的解决方案，将费时的任务交由 Web Worker 对象，让它在后台运行代码。只有将那些费时的任务交给 Web Worker，否则，Web Worker 不发挥作用；换句话说，不应该用 Web Worker 执行简单的任务。而对于那些让 CPU 不堪重负，又会拖延浏览器的计算任务，使用 Web Worker 处理后结果会大不相同。

10.2 如何使用 Web Worker

Web Worker 的基本原理就是在当前 JavaScript 的主线程中，使用 Worker 类加载一个 JavaScript 文件来开辟一个新的线程，起到互不阻塞执行的效果，并且提供主线程和新线程之间数据交换的接口。主线程和新线程实现的内容如下所述：

Web 主线程：

1. 通过 worker = new Worker(url)加载一个 JS 文件来创建一个 worker，同时返回一个 worker 实例。

2. 通过 worker.postMessage(data)方法向 worker 发送数据。
3. 绑定 worker.onmessage 方法来接收 worker 发送过来的数据。
4. 可以使用 worker.terminate()终止一个 worker 的执行。

worker 新线程：
1. 通过 postMessage(data)方法向主线程发送数据。
2. 绑定 onmessage 方法来接收主线程发送过来的数据。

Web Worker 实现的步骤：
➢ 检测浏览器是否支持 Web Worker

```
if(typeof(Worker)!=="undefined")
  {
    //Web Worker 支持
    w=new Worker("demo_workers.js");
  }
  else
  {
  //不支持 Web Worker
  }
```

当浏览器支持 Web Worker 时，通过 w=new Worker("demo_workers.js")创建一个新的 worker 对象，让它执行 demo_workers.js 中的代码。让 worker 运行的代码都要放在一个单独的文件中，这样的设计是为了避免新手让 worker 引用全局变量，或者直接访问页面中的元素。

➢ 创建 Web Worker 的 JavaScript 文件

网页与 Web Worker 之间通过消息来沟通，给 worker 发送消息要使用该对象的 postMessage()方法。

```
var i=0;
function timedCount()
{
   i=i+1;
   postMessage(i);
   setTimeout("timedCount()",500);
}
timedCount();
```

➢ onMessage 事件监听

创建 Web Worker 对象后，我们就可以从 Web Worker 发生和接收消息，向 Web Worker 添加一个 "onmessage"事件监听器。

```
w.onmessage = function (event) {
  document.getElementById("result").innerHTML=event.data;
};
```

当 Web Worker 传递消息时，会执行事件监听器中的代码。event.data 中保存有来自 event.data 的数据。

➢ 终止 Web Worker

当我们创建 Web Worker 对象后，它会继续监听消息（即使在外部脚本完成之后）直到其被终止为止。如需终止 Web Worker，并释放浏览器/计算机资源，使用 terminate()方法：

```
w.terminate();
```

如图 10-1 所示，实现 Web Worker 的逻辑示意图。

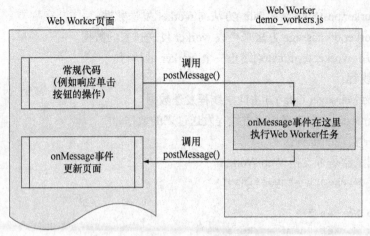

图 10-1 实现 Web Worker 的逻辑示意图

10.3 核心代码示例

➢ demo_workers.js 文件内容

```
var i=0;
function timedCount()
{
   i=i+1;
   postMessage(i);
   setTimeout("timedCount()",500);
}
timedCount();
```

➢ 实例化 Web Worker 的页面代码

```
<!DOCTYPE html>
<html>
<body>
<p>计数：<output id="result"></output></p>
<button onclick="startWorker()">开始 Worker</button>
<button onclick="stopWorker()">停止 Worker</button>
<br /><br />
<script>
var w;
function startWorker()
{
if(typeof(Worker)!=="undefined")
  {
  if(typeof(w)=="undefined")
    {
    w=new Worker("demo_workers.js");
    }
    w.onmessage = function (event) {
      document.getElementById("result").innerHTML=event.data;
      };
    }
```

```
else
   {
   document.getElementById("result").innerHTML="对不起，浏览器不支持 Web Worker ";
   }
}
function stopWorker()
{
   w.terminate();
}
</script>
</body>
</html>
```

图 10-2　Web Worker 示例代码页面

10.4　Web Worker 访问对象的限制

在 worker 执行环境内可以访问的对象如下所述。

➢ navigator 对象：只有 appName、appVersion、userAgent 和 platform 这 4 个只读属性可以访问。

➢ location 对象：所有属性与 window.location 相同，只不过这些属性全部都是只读的。

➢ XMLHttpRequest 对象：worker 里可以自由进行 ajax 请求，后台处理大量来自服务器的数据也是非常常见的需求。

➢ setTimeout()/clearTimeout()和 setInterval()/clearInterval()两组函数。

➢ ECMAScript 内置对象，比如 Object、Date 和 Array 等。

➢ importScripts 方法，可以用来导入外部 JS 脚本。

➢ 应用缓存，applicationCache 对象。

➢ worker 构造函数，以及继续生成子线程 worker 线程(Chrome 目前不支持)。

Web Worker 不能访问以下对象：

➢ Web Worker 无法访问 DOM 节点；

➢ Web Worker 无法访问全局变量或是全局函数；

➢ Web Worker 无法调用 alert()或者 confirm 之类的函数；

➢ Web Worker 无法访问 window、document 之类的浏览器全局变量；

worker 与主线程传递消息的过程是后台任务处理中非常重要的一步，postMessage 方法承担着主线程和 worker 传递消息全部的责任。

10.5　Web Worker 传递 JSON

在核心示例代码中我们传递的是整型数据，而实际使用过程中，我们可以传递被序列化的数据（如 JSON），但不能传递普通 JavaScript 对象。如下所示，通过 Web Worker 传递 JSON 数据的核心代码。

➢ worker.js 文件内容

```javascript
self.addEventListener('message',function(e){
    var data =e.data;
    switch(data.cmd){
        case 'start':
        self.postMessage('worker start:'+data.msg);
        break;
     case 'stop':
        self.postMessage('worker stop :'+data.msg);
        self.close();
        break;
        default:
        self.postMessage('unknown cmd'+data.msg);
    }
},false);
```

➢ webworkerdemo.html 文件内容

```html
<!DOCTYPE html>
<html>
<body>
<button onclick="sayHI()">打招呼</button>
<button onclick="unknownCmd()">发送其他命令</button>
<button onclick="stopLocal()">停止本地 worker</button>
<button onclick="stopRemote()">停止远程 worker</button>
<output id="result"></output>
<script>
    var worker= new Worker('worker.js');
    worker.addEventListener('message',function(e){
      document.getElementById('result').textContent = e.data;},false);
    function sayHI(){
        worker.postMessage({'cmd':'start','msg':'HI'});
    }
    function stopLocal(){
        worker.terminate();
        document.getElementById('result').textContent='worker 已停止';
    }
    function stopRemote(){
        worker.postMessage({'cmd':'stop','msg':'Bye'});
    }
    function unknownCmd(){
        worker.postMessage({'cmd':'foobar','msg':'其他命令'});
    }
</script>
</body>
</html>
```

图 10-3　Web Worker 传递 JSON 数据

10.6　浏览器对 Web Worker 的支持情况

Web Worker 得到了主流浏览器的支持，表 10-1 展示了浏览器对 Web Worker 的支持情况。

表 10-1　　　　　　　　　　浏览器对 Web Worker 的支持情况

	IE	Firefox	Chrome	Safari	Opera	SafariIos	Android
最低版本	10	3.5	13	4	10.6	5	29

对于不支持 Web Worker 的浏览器该怎么办呢？最简单的办法就是把本来要用 Web Worker 来做的工作放到前台来做，还有一种替代方案是用 setInterval()或者 setTimeout()伪造一个后台任务。

小　　结

本章主要介绍了 Web Worker 的应用场景以及实现 Web Worker 调用复杂任务的核心代码。

习　　题

（1）如何判断浏览器是否支持 Web Worker 和创建 Web Worker 实例？
（2）Web Worker 中的 postMessage 和 onmessage 的作用是什么？

第11章
SSE 和 WebSoceket

HTML5 提供 SSE（Server-Sent Event 服务端推送事件）和 WebSocket 两种功能，这两种功能都是为了建立浏览器和服务器之间的通信，这种通信方式是一种允许服务端向客户端浏览器推送数据的 HTML5 新技术，相对于传统的 HTTP 能更好地节省服务器资源和带宽，并达到实时通信需要。

11.1 关于数据推送

在 B/S（Browser/Server）架构模式下，客户端与服务器端进行数据交换的方式分为数据拉取和数据推送两种方式。

1. 数据拉取方式 传统的网页都是浏览器向服务器"查询"数据，服务器处于被动位置。浏览器（客户端）发起 HTTP 请求从服务端获取数据，由于 HTTP 是一种无状态协议，一次请求和响应结束后，客户端与服务器端的连接即断开，如图 11-1 所示。

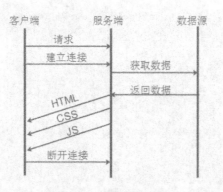

图 11-1 数据拉取方式

2. 数据推送方式很多场合，最有效的方式是服务器向浏览器"发送"数据，就是浏览器向服务器发送一个 HTTP 请求，然后服务器不断单向地向浏览器推送"信息"，这种数据推送的方式，在服务器端与客户端建立的是一种"长连接"，当数据源有新数据时，服务器端能立刻将它发送给已经建立起连接的一个或多个客户端，而不用等客户端来请求，如图 11-2 所示。

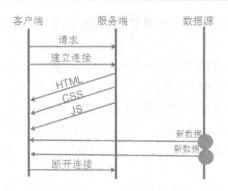

图 11-2　数据推送方式

11.2　SSE 示例

SSE（Server-Sent Event，服务端推送事件）是一种允许服务端向客户端推送新数据的 HTML5 技术，与由客户端每隔几秒从服务端轮询拉取数据的方式相比，SSE 用于 Web 应用程序刷新数据，这种技术不需要客户端进行请求，当数据源有数据发生变化时，服务端即向客户端发送数据。

所以 SSE 的主要应用场景是当数据源有新数据时，服务端能立刻将数据发送给已经与服务器端建立连接的客户端，这些数据可能是最新的新闻、最新的股票行情、来自某一个朋友的消息、天气预报等。例如，服务器端已经有了最新的待办事件，它不要求客户端的用户有任何操作，即可以将消息推送给用户。

目前，大多数主流的浏览器都已经开始支持 SSE，但 IE 是个例外，即便是 IE11 也不支持原生的 SSE。如表 11-1 所示，目前支持 SSE 的浏览器列表。

表 11-1　　　　　　　　　　　主流浏览器支持 SSE 情况说明

浏　览　器	是否支持	备　　注
Internet Explorer	否	不支持
Mozilla Firefox	是	版本 6
Google Chrome	是	GC 支持
Opera	是	版本 11
Safari	是	版本 5

11.2.1　SSE 工作原理——客户端

SSE 的核心代码基于 HTML5 和 JavaScript，实现客户端接收数据时的核心代码和主要步骤如下所述：

1. 建立连接

使用 EventSource 实例化一个对象，建立客户端与服务器端的连接。

```
var source = new EventSource(url);
```

参数 url 就是服务器网址，必须与当前网页的网址在同一个网域（domain），而且协议和端口都必须相同。

新生成的 EventSource 实例对象，有一个 readyState 属性，表明连接所处的状态。

source.readyState，它可以取以下值：
- 0 相当于常量 EventSource.CONNECTING，表示连接还未建立，或者连接断线；
- 1 相当于常量 EventSource.OPEN，表示连接已经建立，可以接受数据；
- 2 相当于常量 EventSource.CLOSED，表示连接已断，且不会重连。

2. Open 事件

连接一旦建立，就会触发 Open 事件，可以定义相应的回调函数。

方法 1：
```
source.onopen = function(event) {
   // 执行打开事件的操作
};
```

方法 2：
```
source.addEventListener("open", function(event) {
   // 执行打开事件的操作
}, false);
```

3. message 事件

当客户端收到数据后，就会触发 message 事件。
```
source.onmessage = function(event) {
    var data = event.data;
    var origin = event.origin;
    var lastEventId = event.lastEventId;
    //在此处理消息。
};
```

或者使用下面的方法
```
source.addEventListener("message", function(event) {
  var data = event.data;
  var origin = event.origin;
  var lastEventId = event.lastEventId;
  //在此处理消息。
}, false);
```

参数对象 event 有如下属性：

data：服务器端传回的数据（文本格式）；

origin：服务器端 URL 的域名部分，即协议、域名和端口；

lastEventId：数据的编号，由服务器端发送。如果没有编号，这个属性为空。

4. error 事件

如果发生通信错误（比如连接中断），就会触发 error 事件。
```
source.onerror = function(event) {
   //处理错误事件
};
```

或者使用下面的方法。
```
source.addEventListener("error", function(event) {
//处理错误事件
}, false);
```

5. 关闭方法

用于关闭与服务器端的连接

source.close();

11.2.2 SSE 工作原理——服务端

服务器端发送事件,要求服务器与浏览器保持连接。对于不同的服务器软件来说,所消耗的资源是不一样的。Apache 服务器,每个连接就是一个线程,如果要维持大量连接,势必要消耗大量资源。Node.js 则是所有连接都使用同一个线程,因此消耗的资源会小得多,但是它要求每个连接不能包含很耗时的操作,比如磁盘的 IO 读写。

如下,使用 Java 的 servlet 作为服务器端的代码示例:

```java
public class SSEServlet extends HttpServlet {
    public void doPost(HttpServletRequest request, HttpServletResponse response) {
        try
        {
            System.out.println("get requestion from client");
            response.setContentType("text/event-stream"); //SSE header
            PrintWriter pw = response.getWriter();
            //处理数据
            Thread.sleep(10 * 1000); // time consume operation
            pw.write("data:{code:0, \"message\":\"success\"}\n\n"); // 向 SSE 客户端写数据

            System.out.println("response sent");
            pw.close();
        } catch(Exception e) {
            e.printStackTrace();
        }
    }
    public void doGet(HttpServletRequest request, HttpServletResponse response) {
        doPost(request, response);
    }
}
```

11.3 WebSocket 工作原理

WebSocket 是为解决客户端与服务端实时通信而产生的技术。其本质是先通过 HTTP/HTTPS 协议进行握手后创建一个用于交换数据的 TCP 连接,此后服务端与客户端通过此 TCP 连接进行实时通信。WebSocket 与 SSE 有相似功能,都是用来建立浏览器与服务器之间的通信渠道,二者有以下区别:

- WebSocket 是全双工通道,可以双向通信,功能更强;SSE 是单向通道,只能由服务器向浏览器端发送;
- WebSocket 是一个新的协议,需要服务器端支持;SSE 则是部署在 HTTP 协议之上的,现有的服务器软件都支持;
- WebSocket 是一种较重的协议,相对复杂;SSE 是一个轻量级协议,相对简单;

- WebSocket 则需要额外部署，SSE 默认支持断线重连；
- SSE 支持自定义发送的数据类型。

表 11-2　　　　　　　　　　主流浏览器支持 WebSocket 情况说明

浏　览　器	是否支持	备　　注
Internet Explorer	是	版本 10 以上
Mozilla Firefox	是	版本 4 以上
Google Chrome	是	版本 4 以上
Opera	是	版本 10 以上
Safari	是	版本 5 以上

11.3.1　WebSocket 工作原理——客户端

这是一个简单的页面，包含有 JavaScript 代码，这些代码创建了一个 WebSocket 客户端连接到 WebSocket 服务器端的过程。

```
<!DOCTYPE html>
<html>
<head>
    <title>WebSocket 测试</title>
        <meta charset="UTF-8">
</head>
<body>
<div>
    <input type="submit" value="启动" onclick="start()" />
</div>
<div id="messages"></div>
<script type="text/javascript">
    var webSocket =
    new WebSocket('ws://localhost:8080/twebsocket/WebSocketDemo');
        webSocket.onerror = function(event) {
        onError(event)
};
webSocket.onopen = function(event) {
        onOpen(event)
};
webSocket.onmessage = function(event) {
        onMessage(event)
    };
function onMessage(event) {
        document.getElementById('messages').innerHTML
            += '<br />' + event.data;
    }
function onOpen(event) {
        document.getElementById('messages').innerHTML= '建立连接';
    }
function onError(event) {
    alert(event.data);
}
```

```
        function start() {
            webSocket.send('你好!');
            return false;
        }
    </script>
</body>
</html>
```

连接到 WebSocket 服务器端，使用构造函数 new WebSocket()而且传至端点 URL。

- onOpen 创建一个连接，当客户端连接到服务器的时候将会调用此方法。
- onError 当客户端与服务器通信发生错误时将会调用此方法。
- onMessage 当从服务器接收到一个消息时将会调用此方法。在上述的例子中，只是将从服务器获得的消息添加到 DOM。

11.3.2　WebSocket 工作原理——服务端

以下是通过 Java 定义的 WebSocket 服务端的核心示例代码。

```
@ServerEndpoint("/WebSocketDemo")
public class WebSocketDemo {
    @OnMessage
    public void onMessage(String message, Session session)
            throws IOException, InterruptedException {
        System.out.println("这是从客户端接收到的消息:"+message);
        session.getBasicRemote().sendText("服务器第一次发送消息");
        int sentMessages = 0;
        while(sentMessages < 3){
            Thread.sleep(5000);
            session.getBasicRemote(). sendText("这是服务器端的消息. 消息数量："+sendMessages);
            sentMessages++;
        }
        session.getBasicRemote().sendText("服务器最后一次发送消息");
    }
    @OnOpen
    public void onOpen() {
            System.out.println("客户端已连接");
    }
    @OnClose
    public void onClose() {
        System.out.println("客户端已关闭");
        }
}
```

- @ServerEndpoint 注解是一个类层次的注解，它的功能主要是将目前的类定义成一个 WebSocket 服务器端。注解的值将被用于监听用户连接的终端访问 URL 地址。
- onOpen 和 onClose 方法分别被@OnOpen 和@OnClose 所注解。这两个注解的作用是定义了当一个新用户连接和断开的时候所调用的方法。
- onMessage 方法被@OnMessage 所注解。这个注解定义了当服务器接收到客户端发送的消息时所调用的方法。注意：这个方法可能包含一个 javax.websocket.Session 可选参数。如果有这个参数，容器将会把当前发送消息客户端的连接 Session 注入进去。

11.4 上机实践——使用 WebSocket 实现聊天室

11.4.1 实践目的

通过网页聊天室实践，了解 HTML5 与 WebSocket 如何进行通信，HTML5 WebSocket 实现了服务器与浏览器的双向即时通信，双向通信使服务器消息推送开发更加简单。通过本实践，了解 WebSocket 通信与以前的"轮询"和"长连接"技术的区别。"轮询"和"长连接"这两种技术都会对服务器产生相当大的开销，而且实时性不是特别高。WebSocket 技术只会产生很小的开销，并且实时性特别高。

11.4.2 设计思路

通过 HTML5 提供的标准 API 与 Tomcat 服务器端相结合，实现聊天室，主要设计思路如下：
- 通过 HTML5API 实现即时获取数据；
- 服务器端产生的数据由 Tomcat 服务提供；
- Tomcat 服务由 Java JDK 的 WebSocket 实现。

11.4.3 实现过程

11.4.3.1 服务器端实现过程

服务器端的代码就是聊天室后台的代码，主要由 4 个类组成，包括 InitServlet、GetHttpSessionConfigurator、LoginAction、ChatServer，这些类的代码主要实现初始化存储结构、用户登录、发送聊天信息等功能，下面是主要实现过程。

1. InitServlet，这个 Servlet 继承自 HttpServlet，主要用于记录在线用户信息及在线用户的 WebSocket 的 Session 信息。其中变量 onlineUser 记录登录用户的 WebSocket 的 Session 信息，onlineUserMap 记录登录用户的基本信息。主要代码如下：

```java
public class InitServlet extends HttpServlet {
    private static Set<ChatServer> onlineUsers;
        private static HashMap<String,ChatServer> onlineUserMap ;
        public void init(ServletConfig config) throws ServletException {
            InitServlet.onlineUsers = new CopyOnWriteArraySet<>();
            InitServlet.onlineUserMap =new HashMap<String,ChatServer>()
            super.init(config);
         System.out.println("服务器已启动============");
        }
        public static Set<ChatServer> getOnlineUsers() {
            return InitServlet.onlineUsers;
        }
        public static HashMap<String,ChatServer> getOnlineUserMap(){
            return InitServlet.onlineUserMap;
    }
 }
```

2. 通过 GetHttpSessionConfigurator 类实现在 WebSocket 中取得 HttpSession 信息，通过这种方式实现在私聊时，找到通过网页登录时登录用户的信息，给指定的用户发送消息。GetHttpSession-

Configurator 继承自 ServerEndpointConfig.Configurator。

```
public class GetHttpSessionConfigurator extends ServerEndpointConfig.
Configurator {
     @Override
     public void modifyHandshake(ServerEndpointConfig config,
                                 HandshakeRequest request,
                                 HandshakeResponse response)
     {
          HttpSession httpSession = (HttpSession)request.getHttpSession();
          config.getUserProperties().put(HttpSession.class.getName(),httpSession);
     }
}
```

3. 用户登录，在本实践中只通过用户呢称即可登录，登录后跳转到聊天室的发送消息的页面。

```
public class LoginAction extends HttpServlet {
    public void doPost(HttpServletRequest request,HttpServletResponse response)
throws ServletException, IOException {
          HttpSession httpsession = request.getSession();
          String userid = request.getParameter("nickname");
          httpsession.setAttribute("userid",userid);
          RequestDispatcher dispatcher= request.getRequestDispatcher("/chat.jsp");
          dispatcher.forward(request,response);
    }
    public void doGet(HttpServletRequest request,HttpServletResponse response)
throws ServletException, IOException {
          doPost(request,response);
    }
}
```

4. ChatServer 类实现聊天室服务器端的连接、关闭、信息发送等功能，主要方法包括：

@ServerEndpoint(value = "/websocket/ **ChatServer** ")定义一个 WebSocket 服务端。value 即访问地址。这个例子中：客户端通过 ws://{domain}/{context}/chat 来进行连接。

@OnPen，连接创建时调用的方法。

@OnClose，连接关闭时调用的方法。

@OnMessage，传输信息过程中调用的方法。

@OnError，发生错误时调用的方法。

broadcast(String msg)，通过 connections，对所有其他用户推送信息的方法。

sayto 表示进行私聊时，对指定的连接用户推送信息的方法。

```
package com.victor;
import javax.servlet.http.HttpSession;
import javax.websocket.*;
import javax.websocket.server.ServerEndpoint;
import java.io.IOException;
import java.util.HashMap;
@ServerEndpoint(value = "/ChatServer", configurator = GetHttpSessionConfigurator.
class)
    public class ChatServer {
        private String nickname;
        private Session session;
        private HttpSession httpSession;
        public String getNickname() {
            return nickname;
        }
```

```java
    public Session getSession() {
        return session;
    }
    @OnOpen
    public void onOpen(Session session, EndpointConfig config) throws IOException,
EncodeException {
        this.httpSession = (HttpSession) config.getUserProperties().get
(HttpSession.class.getName());
        this.nickname = (String) httpSession.getAttribute("userid");
        InitServlet.getOnlineUsers().add(this);
        this.session = session;
        InitServlet.getOnlineUserMap().put(this.nickname,this);
        String message = String.format("* %s %s", "用户" + session.getId(), "参加聊
天.");
        System.out.println(message);
        broadcast(message);
    }
    @OnClose
    public void onClose() {
        System.out.println("sessionid:" + this.session.getId());
        InitServlet.getOnlineUsers().remove(this.session);
        InitServlet.getOnlineUserMap().remove(this.nickname);
    }
    @OnError
    public void onError(Throwable t) {
        System.out.println("聊天室出错: " + t.toString());
    }
    @OnMessage
    public void onMessage(String content) throws IOException {
        String[] contentSplit = content.split("\\|");
        String message = contentSplit[0];
        String sendTypeValue = contentSplit[1];
        String sendWhoValue = contentSplit[2];
        if ("1".equals(sendTypeValue)) {
            broadcast(message);
        }else{
            sayto(sendWhoValue,message);
        }
    }
    /**
     * 广播发送消息
     * @param message
     */
    private void broadcast(String message) {
        for (ChatServer client : InitServlet.getOnlineUsers()) {
            try {
                synchronized (client) {
                    client.session.getBasicRemote().sendText(message);
                }
            } catch (IOException e) {
                try {
                    client.session.close();
```

```java
                    InitServlet.getOnlineUsers().remove(client);
                } catch (IOException e1) {
                    // Ignore
                }
            }
        }
    }
    private void sayto(String sendWhoValue,String message) throws IOException {
        ChatServer chatServer=InitServlet.getOnlineUserMap().get(sendWhoValue);
        chatServer.session.getBasicRemote().sendText(message);
    }
}
```

11.4.3.2 客户端实现过程

1. 客户端登录页，输入用户昵称，请求 loginAction，实现用户登录。在本例中，用户昵称初始化为 a、b、c、d、e 等 5 个用户。

```html
<!DOCTYPE html>
<html lang="en">
<head>
    <meta charset="UTF-8">
    <title>登录</title>
</head>
<body>
<form id="submitform" name="submitform" action="http://localhost:8080/chat/loginAction" method="post">
    用户名：<input type="text" placeholder="输入昵称" id="nickname" name="nickname"/>
    <input type="submit" value="登录" id="login" />
</form>
</body>
</html>
```

2. 聊天室主页代码

```jsp
<%@ page language="java" import="java.util.*" contentType="text/html; charset=GB2312" %>
<%@ page import="com.victor.InitServlet" %>
<%@ page import="com.victor.ChatServer" %>
<%@ page import="java.util.Set" %>
<!DOCTYPE html>
<html lang="en">
<head>
    <meta charset="UTF-8">
    <title>聊天室</title>
    <style type="text/css">
        input#chat { width: 410px
        }
        #console-container {
            width: 400px;
        }
        #console {
            border: 1px solid #CCCCCC;
            border-right-color: #999999;
```

```
                border-bottom-color: #999999;
                height: 170px;
                overflow-y: scroll;
                padding: 5px;
                width: 100%;
            }
            #console p {
                padding: 0;
                margin: 0;
            }</style>
    </head>
    <script type="text/javascript">
        var socket = new WebSocket("ws://" + window.location.host + "/chat/ChatServer");//实例化websocket.
        socket.onopen=function(){
        }
        socket.onmessage=function(message){
            var console = document.getElementById('console');
            var p = document.createElement('p');
            p.style.wordWrap = 'break-word';
            p.innerHTML = message.data;
            console.appendChild(p);
        }
        function sendMessage(){//发送消息方法
            var message = document.getElementById('chat').value;
            var sendTypeLength = document.all.sendType.length;
            var sendTypeValue ="1";
            for (i=0;i<sendTypeLength;i++) {
                if (document.all.sendType[i].checked) {
                    sendTypeValue = document.all.sendType[i].value;
                    break;
                }
            }
            var sendWhoValue =document.getElementById('sendWho').value;
            var content=message+"|"+sendTypeValue+"|"+sendWhoValue;//向服务器端发送消息|发送
                                                                    //方式|发送给谁
            socket.send(content);
        }
        socket.onerror=function(){
            alert("发生错误")
        }
        function socketClose(){
            socket.close();
        }
    </script>
    <body>
    <div>
        <p> <input type="text" placeholder="输入信息后回车" id="chat" /> </p>
        <p>
            <input type="radio" name="sendType" value="1" checked="checked" />群发
```

```html
            <input type="radio" name="sendType" value="0"/>私聊@
            <select id="sendWho">
                    <option value ="a">a</option>
                    <option value ="b">b</option>
                    <option value ="c">c</option>
                    <option value ="d">d</option>
                    <option value ="e">e</option>
            </select>
            <input type="button" value="发送" id="send" onclick="sendMessage()"/>
            <input type="button" value="退出聊天" id="close" onclick="socketClose()"/>
        </p>
        <div id="console-container">
           <div id="console"/>
        </div>
    </div>
</body>
</html>
```

11.4.4 演示效果

输入用户的 ID，登录到聊天室，界面效果如图 11-3 所示。

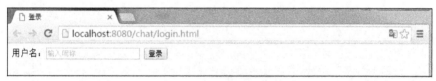

图 11-3 用户登录界面

聊天室主界面的效果如图 11-4 所示。用户通过文本框输入消息，选择消息发送的方式，单击发送按钮，实现消息的发送。选择私聊时，可以选择消息发送的对象，最下面的多行文本框显示的是聊天的内容。

图 11-4 聊天室主界面效果

小　结

本章主要介绍了 SSE 和 WebSocket 的工作原理，给出了 SSE 和 WebSocket 实现消息推送的核心代码,并通过 WebSocket 示例实现网页聊天室的客户端和服务端,进行即时通信。

习 题

(1) 什么是数据推送方式?
(2) 什么是数据拉取方式?
(3) SSE 和 WebSocket 有哪些区别?
(4) SSE 实现数据推送的主要步骤有哪些?

第 12 章
CSS3 入门与基础

从本章开始，我们将要接触一项新的技术——CSS3。CSS3 同 HTML5 一样是当今网络应用开发技术中备受关注的新技术之一，它主要用于设置页面元素的样式。本章将介绍 CSS3 的概念及最基本的用法。

12.1　CSS3 是什么

CSS 的全称是 Cascading Style Sheet，是层叠样式表的意思，通常也被称为"风格样式表（Style Sheet）"，是用来进行网页风格设计的。例如，如果想让超链接字未被点击前显示为蓝色字体，当鼠标光标移上去后变成红色字体且带有下画线，这就是一种网页风格。通过设定样式表，可以统一控制网页中各个元素的显示属性。使用 CSS 可以扩充精确指定网页元素位置、外观以及创建特殊效果的能力。

CSS3 是 CSS 的最新版本，在 CSS3 之前 CSS 还经历了以下 3 个版本。

- ✓ CSS1，该版本于 1996 年 12 月正式推出。在这个版本中，提供了 font 元素的相关属性、颜色、背景相关属性、文字相关属性以及 box 的相关属性设置。
- ✓ CSS2，该版本于 1998 年 5 月正式推出。从这个版本开始，正式使用样式表结构。
- ✓ CSS2.1，该版本于 2004 年正式推出，它在 CSS2 的基础上删除了一些不被浏览器所支持的属性。我们现在通常所使用的也正是此版本，该版本从推出到现在基本没有做过太大的改动。

CSS3 是由 Adobe、Apple、Google、HP、IBM、Microsoft、Opera、Sun 等多家公司和机构联合组成的"CSS Working Group"组织共同推出的，虽然目前 CSS3 最终标准还没有确定，但是由于"出身名门"，相信 CSS3 未来发展的前景会一片光明。

我们之所以在学习 HTML5 的同时还要学习 CSS3，不仅仅是因为这是两种最新的、最热门的互联网技术，更是因为这两种技术是相辅相成的，通过结合使用 HTML5 和 CSS3，可以使页面呈现出最佳效果。

12.2　CSS3 的一个简单应用

对于没有接触过 CSS 的人来说，通过上面的介绍，恐怕还是难以理解 CSS3 到底能够起到什么样的作用。下面我们将通过一个 CSS3 的简单应用，来介绍 CSS3 在网页开发中的作用。

对于一个没有应用 CSS3 的网页,代码如下。

```html
<html>
<meta charset="gb2312" />
<body>
 <ul>
  <li>
    <a><span>选择课程</span></a>
    <ul>
    <li>
      <a><span>计算机系</span></a>
      <ul>
        <li><a>C 语言</a></li>
        <li><a>数据结构</a></li>
        <li><a>操作系统</a></li>
        <li><a>计算机组成原理</a></li>
      </ul>
    </li>

    <li>
      <a><span>英语系</span></a>
      <ul>
        <li><a>基础英语</a></li>
        <li><a>高级英语</a></li>
        <li><a>商务英语</a></li>
        <li><a>翻译</a></li>
      </ul>
    </li>

    <li>
      <a><span>数学系</span></a>
      <ul>
        <li><a>微分几何</a></li>
        <li><a>数学模型</a></li>
        <li><a>拓扑学</a></li>
        <li><a>数理统计</a></li>
      </ul>
    </li>
   </ul>
  </li>
 </ul>
</body>
</html>
```

在浏览器中运行此段代码,得到的效果如图 12-1 所示。

在这个页面中,我们加入 CSS3 样式后的代码如下。

```html
<html>
<head>
<meta charset="gb2312" />
<style type="text/css">
* { margin:0; padding:0; list-style:none;}
.c_subNav { width:150px; }
```

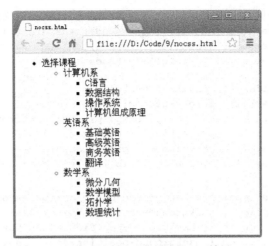

图 12-1 没加入 CSS3 样式的页面效果

```
.c_subNav table { width:100%; border-collapse:collapse;}
.c_subNav a { text-decoration:none; color:#333;}
.c_subNav a:hover { color:#f60;}
.c_subNav ul ul { position:absolute; visibility:hidden; top:25px;}
.c_subNav li { border-bottom:1px solid #ccc; position:relative; _position:static; float:left; width:100%;}
.c_subNav a.li { position:relative;}
.c_subNav li .option { display:block; line-height:15px; padding:5px 5px 5px 25px; background:no-repeat 5px 4px; cursor:pointer; font:12px Verdana; zoom:1; background:url() no-repeat;}
.c_subNav li .option:hover { color:#f60; background-color:#ffa;}
.c_subNav li .option span { display:block; padding-right:15px; background:url() no-repeat right 0;}
.c_subNav li .option:hover span { background-position:right -15px;}
.c_subNav .li:hover { z-index:2; background:transparent;}
.c_subNav .li:hover ul { visibility:visible;}
.c_subNav .li:hover ul ul { visibility:hidden;}
<!DOCTYPE html PUBLIC "-//W3C//DTD XHTML 1.0 Transitional//EN" "http://www.w3.org/TR/xhtml1/DTD/xhtml1-transitional.dtd">
<html xmlns="http://www.w3.org/1999/xhtml">
<head>
<meta http-equiv="Content-Type" content="text/html; charset=utf-8" />
<title>CSS级联菜单</title>
<style type="text/css">
* { margin:0; padding:0; list-style:none;}
.c_subNav { width:150px; }
.c_subNav table { width:100%; border-collapse:collapse;}
.c_subNav a { text-decoration:none; color:#333;}
.c_subNav a:hover { color:#f60;}
.c_subNav ul ul { position:absolute; visibility:hidden; top:25px;}
.c_subNav li { border-bottom:1px solid #ccc; position:relative; _position:static; float:left; width:100%;}
.c_subNav a.li { position:relative;}
.c_subNav li .option { display:block; line-height:15px; padding:5px 5px 5px 25px; background:no-repeat 5px 4px; cursor:pointer; font:12px Verdana; zoom:1; background:url() no-repeat;}
.c_subNav li .option:hover { color:#f60; background-color:#ffa;}
.c_subNav li .option span { display:block; padding-right:15px; background:url() no-repeat right 0;}
```

```css
.c_subNav li .option:hover span { background-position:right -15px;}
.c_subNav .li:hover { z-index:2; background:transparent;}
.c_subNav .li:hover ul { visibility:visible;}
.c_subNav .li:hover ul ul { visibility:hidden;}
.c_subNav .li:hover ul { border:1px solid #ccc; border-width:1px 2px 2px 1px; width:150px; background:#fff; padding:1px;}
.c_subNav .li:hover li { border-bottom:none;}
.c_subNav .li:hover li .option { padding:2px 5px; background:transparent;}
.c_subNav .li:hover li .option:hover { background:#0096ff; color:#fff;}
.c_subNav .li:hover li .option:hover span { background-position:right -30px;}
.c_subNav .li:hover .li:hover ul { visibility:visible; left:145px; top:-2px;}
/*---图标差异---*/
.c_subNav .charges .option { background-position:4px -45px;}
.c_subNav .biz .option { background-position:4px -70px;}
.c_subNav .change .option { background-position:4px -95px;}
.c_subNav .score .option { background-position:4px -120px;}
.c_subNav .server .option { background-position:4px -145px;}
.c_subNav .edit .option { background-position:4px -170px;}
.c_subNav .sms .option { background-position:4px -195px;}
</style>
</head>
<body>
<div class="c_subNav">
 <ul>
  <li class="li charges">
   <a href="#nogo" class="option"><span>选择课程</span></a>
    <ul>
     <li class="li">
      <a href="#nogo" class="option"><span>计算机系</span></a>
      <ul>
       <li class="li"><a href="#nogo" class="option">C 语言</a></li>
       <li class="li"><a href="#nogo" class="option">数据结构</a></li>
       <li class="li"><a href="#nogo" class="option">操作系统</a></li>
       <li class="li"><a href="#nogo" class="option">计算机组成原理</a></li>
      </ul>
     </li>

     <li class="li">
      <a href="#nogo" class="option"><span>英语系</span></a>
      <ul>
       <li class="li"><a href="#nogo" class="option">基础英语</a></li>
       <li class="li"><a href="#nogo" class="option">高级英语</a></li>
       <li class="li"><a href="#nogo" class="option">商务英语</a></li>
       <li class="li"><a href="#nogo" class="option">翻译</a></li>
      </ul>
     </li>

     <li class="li">
      <a href="#nogo" class="option"><span>数学系</span></a>
      <ul>
       <li class="li"><a href="#nogo" class="option">微分几何</a></li>
       <li class="li"><a href="#nogo" class="option">数学模型</a></li>
```

```
            <li class="li"><a href="#nogo" class="option">拓扑学</a></li>
            <li class="li"><a href="#nogo" class="option">数理统计</a></li>
          </ul>
        </li>
      </ul>
    </li>
  </ul>
</div>
</body>
</html>
```

在页面中运行代码，得到的效果如图 12-2 所示。

图 12-2　加入 CSS3 后的效果

对比两次运行结果我们不难发现，加入了 CSS3 的设置以后，原本静止的文字显示已经变成了动态的级联菜单形式显示。通过此例，我们可以一窥 CSS3 的强大。对于本例中 CSS3 设置的相关代码，读者不需要马上理解，我们将在后续的章节中逐步进行介绍。

12.3　CSS3 的常用选择器

选择器在 CSS3 中是一个非常重要的概念，使用选择器，可以使网页开发人员统一管理网页元素样式，进而提升开发效率、降低维护难度。

12.3.1　为什么要使用选择器

一个外观漂亮的网页，不一定就是一个设计良好的网页。对于一个没有很好设计的页面来说，当我们查看其源代码时，会发现很多网页元素标签中，都带有"class='…'"的属性设置，甚至可能带有"style='…'"的属性设置。其实无论使用 class 属性还是 style 属性，网页开发人员的目的都是一样的，那就是为网页元素添加 CSS 样式。虽然这样的做法实现起来很简单，但是维护起来就没那么容易了。

试想客户让我们制作一个网站，要求该网站中所有网页中的文本输入框、下拉框、按钮等元素的文字都要使用相同的样式，例如：

```
font-size:15px;color:blue;
```

开发人员为每个网页中的文本输入框、下拉框、按钮都分别设置了此样式，并兴高采烈地展示给客户时，客户又觉得这种文字样式太普通，想要换另外一种样式。对于客户来说是一句话的问题，对于开发人员就没有那么简单了，他需要将所有设置此样式的元素分别修改一遍，而且还不能够有任何遗漏。

如果使用 CSS3 的选择器，就可以避免上述问题的发生。CSS3 选择器最主要的作用就是将样式表与网页元素进行绑定。通俗地说，各个网页元素在设计之初是不添加任何样式的，通过使用 CSS3 选择器可以将对应样式附加在各个网页元素上。对于上面的案例，我们可以将文字样式放在样式表中，通过选择器为文本输入框、下拉框按钮等元素绑定样式。此时如果修改样式，只需在样式表中修改一处即可。

最开始的时候，CSS 允许按照类型、类或 id 匹配网页元素，这要求开发人员为每个网页元素添加 class 和 id 属性与 CSS 样式关联，同时用于区分同一类型的不同元素。在 CSS2.1 版本中，增加了伪元素、伪类和选择符。CSS3 则提供了更加丰富的选择器，可以用来定位网页中所有的元素。由于 CSS3 兼容之前版本的选择器，所以接下来我们将对 CSS 支持的各种选择器分别进行介绍。

12.3.2 属性选择器

属性选择器是基于元素的属性来匹配的，最常用的就是 id 属性。因为在同一个页面中，id 属性值必须是唯一的，各网页元素必须使用不同的 id 属性。由于这一特性的存在，使得开发人员能够通过 id 属性精确定位到某个网页元素，便利地对其进行相关设置。

在 CSS2 版本中选择器有如下几种应用格式，各种应用格式及说明如表 12-1 所示。

表 12-1　　　　　　　　　　CSS2 属性选择器应用格式

应用格式	说　　明	应用示例
E[attr]{rules}	选择具有 attr 属性的 E 元素，并应用 rules 指定的样式	（1）*[title] {color:red;}将选择所有包含 title 属性的元素，并将其颜色设置为红色； （2）a[href] {color:red;}将选择所有包含 href 属性的 a 元素，并将超链接文字颜色设置为红色； （3）a[href][title] {color:red;}将选择所有包含 href 和 title 属性的 a 元素，并将超链接文字颜色设置为红色
E[attr=value]{rules}	选择具有 attr 属性且属性值等于 value 的 E 元素，并应用 rules 指定的样式	a[href="http://www.test.cn"] {color: red;}将选择所有包含 href 属性，且属性值为 "http://www.test.cn" 的 a 元素，并将超链接文字颜色设置为红色
E[attr~=value]{rules}	选择具有 attr 属性且属性值为用空格分隔的多个字符列表，其中任意字符等于 value 的 E 元素，并应用 rules 指定的样式。这里的 value 不能包含空格	span[title~=big]{color:red;}将选择所有包含 title 属性，且属性值为空格分隔的多个字符，其中任一字符为 big 的 span 元素，并将元素内文字颜色设置为红色。例如<span title="big bang"></span>和<span title="bang big"></span>都会被该选择器选中
E[attr|=value]{rules}	选择具有 attr 属性且属性值为连字符分隔的字符列表，且以 value 开始的 E 元素，并应用 rules 指定的样式	span[title|="big"]{color:red;}将选择所有包含 title 属性，且属性值为-分隔符分隔，分隔符一侧包含 "big" 的所有 span 元素，并将元素内文字颜色设置为红色

下面我们通过一个综合应用的例子介绍 CSS2 中各种选择器的用法，示例代码如下。

```html
<html>
<meta charset="gb2312" />
<style>
*[title] {color:red;} /*样式1, 设置文字颜色为红色*/
a[href]{font-size:25px;} /*样式2, 设置字体大小为25像素*/
a[href][id]{background-color:yellow} /*样式3, 设置文字背景颜色为黄色*/
a[href="http://www.test.cn"]{font-weight:bolder} /*样式4, 设置字体加粗*/
span[title~=big]{margin-left:20px;} /*样式5, 设置文字向右平移20像素*/
span[title|=big]{margin-left:40px} /*样式6, 设置文字向右平移40像素*/
</style>
<body>
<h3>第一种应用格式</h3>
<p><span title="a">Hello world</span> (应用样式：1)</p>
<p><a title="b" href="#">Hello world</a> (应用样式：1,2)</p>
<p><a title="c" href="#" id="a1">Hello world</a> (应用样式：1,2,3)</p>
<h3>第二种应用格式</h3>
<p><a href="http://www.test.cn">Hello world</a> (应用样式：4)</p>
<h3>第三种应用格式</h3>
<p><span title="big bang">Hello world</span> (应用样式：5)</p>
<h3>第四种应用格式</h3>
<p><span title="big-bang">Hello world</span> (应用样式：6)</p>
</body>
</html>
```

保存此段代码并在页面中运行，得到的效果如图 12-3 所示。

图 12-3　CSS2 选择器应用实例

在 CSS3 中，增加了 3 种属性选择器的应用格式，通过新增的应用格式，开发人员可以通过通配符的形式选择指定元素。新增的属性选择器应用格式及说明如表 12-2 所示。

表 12-2　　　　　　　　　　　CSS3 新增属性选择器应用格式

应用格式	说　明	应用示例
E[attr^=value]{rules}	选择所有包含属性 attr 且属性值以 value 开头的 E 元素，并应用 rules 样式	span[title^=big]{color:red;}将选择所有包含 title 属性且属性值以 big 开头的 span 元素，并将文字颜色设置为红色
E[attr$=value]{rules}	选择所有包含属性 attr 且属性值以 value 结尾的 E 元素，并应用 rules 样式	span[title$=big]{color:red;}将选择所有包含 title 属性且属性值以 big 结尾的 span 元素，并将文字颜色设置为红色
E[attr*=value]{rules}	选择所有包含属性 attr 且属性值任意位置包含 value 的 E 元素，并应用 rules 样式	span[title*=big]{color:red;}将选择所有包含 title 属性且属性值包含 big 的 span 元素，并将文字颜色设置为红色

下面我们通过一个综合应用的例子，介绍 CSS3 中各种选择器的用法，示例代码如下。

```
<html>
<meta charset="gb2312" />
<style>
span[title^=big] {color:red;}  /*样式1，设置文字颜色为红色*/
span[title$=big]{font-size:25px;}  /*样式2，设置字体大小为 25 像素*/
span[title*=big]{background-color:yellow}  /*样式3，设置文字背景颜色为黄色*/
</style>
<body>
<h3>第一种应用格式</h3>
<p><span title="bigApple">Hello world</span> （应用样式：1,3）</p>
<h3>第二种应用格式</h3>
<p><span title="applebig">Hello world</span> （应用样式：2,3）</p>
<h3>第三种应用格式</h3>
<p><span title="abigapple">Hello world</span> （应用样式：3）</p>
</body>
</html>
```

保存此段代码并在页面中运行，得到的效果如图 12-4 所示。

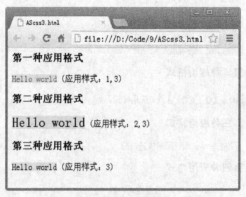

图 12-4　CSS3 属性选择器应用实例

12.3.3　类选择器

类选择器允许开发人员以一种独立于文档元素的方式来指定样式，即可以不考虑具体页面设计直接设计元素样式。该选择器可以单独使用，也可以与其他元素结合使用。类选择器的应用方式为，在元素内部添加 class 属性，并将对应的样式类设置为 class 的属性值。下面通过几个例子介绍类选择器的用法。

（1）直接为某元素指定样式类，示例代码如下。

```
<html>
<meta charset="gb2312" />
<style>
.highlight{background-color:yellow;}
</style>
<body>
<h1 class="highlight">h1 元素应用样式</h1>
<p class="highlight">p 元素应用样式<p>
<p>p 元素不应用样式</p>
</body>
</html>
```

保存此段代码并在页面中运行，得到的效果如图 12-5 所示。

图 12-5　类选择器直接应用

（2）类选择器组合元素使用，示例代码如下。

```
<html>
<meta charset="gb2312" />
<style>
h1.highlight{background-color:yellow;}  /*设置 h1 元素的类*/
p.highlight{background-color:blue;}  /*设置 p 元素的类*/
</style>
<body>
<h1 class="highlight">h1 元素应用样式</h1>
<p class="highlight">p 元素应用样式<p>
<p>p 元素不应用样式</p>
</body>
</html>
```

保存此段代码并在页面中运行，得到的效果如图 12-6 所示。

图 12-6　类选择器与元素结合应用

（3）多个类选择器组合使用，示例代码如下。

```html
<html>
<meta charset="gb2312" />
<style>
.highlight{background-color:yellow;}
.bigfont{font-size:30px;}
</style>
<body>
<h1 class="highlight bigfont">h1 元素应用样式</h1>
<p class="bigfont highlight">p 元素应用样式<p>
<p>p 元素不应用样式</p>
</body>
</html>
```

保存此段代码并在页面中运行，得到的效果如图 12-7 所示。

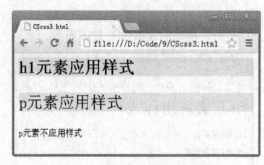

图 12-7　多个类选择器组合应用

通过这个演示效果我们可以看出，多个类选择器同时使用时，为元素指定类选择器名称没有顺序要求。

12.3.4　伪类选择器

CSS 的伪类选择器主要用于向指定的选择器添加特殊效果，比较常用的 CSS 伪类包括以下 4 种。

1．锚伪类

超链接元素的样式就是应用的默认锚伪类，通过锚伪类的设置，超链接文字的不同状态都可以不同的方式显示，这些状态包括活动状态、已被访问状态、未被访问状态和鼠标光标悬停状态。锚伪类主要包括以下 4 种。

- ✓ a:link：未访问状态。
- ✓ a:visited：已访问状态。
- ✓ a:hover：鼠标光标悬停于超链接元素上。
- ✓ a:active：选定的链接。

如果在某个页面中加入锚伪类的设置代码：

```
a:link {color: #FF0000}
a:visited {color: #00FF00}
a:hover {color: #FF00FF}
a:active {color: #0000FF}
```

此页面中所有超链接无需添加其他属性设置，超链接的文字样式在活动状态、已访问状态、未访问状态和鼠标光标悬停状态都会发生改变。此伪类应用较为简单，这里就不给出示例代码了。

2. first-child、last-child、nth-child、nth-last-child 伪类

这几个伪类都是用于选择当前元素的子元素的，区别如下。

- ✓ first-child：用于选择某元素第一个子元素。
- ✓ last-child：用于选择某元素最后一个子元素。
- ✓ nth-child：用于选择某元素指定正序顺序号的子元素。
- ✓ nth-last-child：用于选择某元素指定倒序顺序号的元素。

下面我们通过一个例子来了解这几个伪类的应用和效果，示例代码如下。

```
<html>
<meta charset="gb2312" />
<style>
/*对某元素第一个P元素应用样式，文字向右平移20像素*/
p:first-child{margin-left:20px}
/*对某元素最后一个P元素应用样式，字体大小为30像素*/
p:last-child{font-size: 30px;}
/*对某元素正数第3个LI元素应用样式，文字向右平移20像素*/
li:nth-child(3){margin-left:20px}
/*对某元素倒数第2个LI元素应用样式，字体大小为30像素*/
li:nth-last-child(2){font-size:30px;}
</style>
<body>
<p>独立的P元素</p>
<div>
    <p>第一个P元素</p>
    <p>第二个P元素</p>
    <p>第三个P元素</p>
</div>
<ul>
    <li>第一个LI元素</li>
    <li>第二个LI元素</li>
    <li>第三个LI元素</li>
    <li>第四个LI元素</li>
    <li>第五个LI元素</li>
    <li>第六个LI元素</li>
    <li>第七个LI元素</li>
    <li>第八个LI元素</li>
</ul>
</body>
</html>
```

保存此段代码并在页面中运行，得到的效果如图12-8所示。

对于 nth-child 和 nth-last-child 选择器来说，除了可以通过指定序号的方式选择指定元素外，还可以使用 "odd" 选择序号为奇数的元素，或使用 "even" 选择序号为偶数的元素。例如对于网页中显示的表格来说，一般我们会设置相邻两行以不同颜色进行显示，可添加如下样式：

```
tr:nth-child(even){background-color:gray}
```

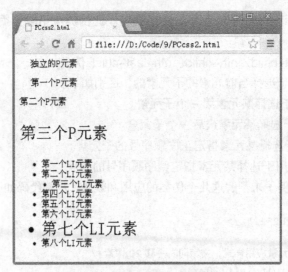

图 12-8 伪类选择器的应用效果 1

在页面中加入此样式后，表格的偶数行将以 gray 颜色作为背景，显示效果如图 12-9 所示。

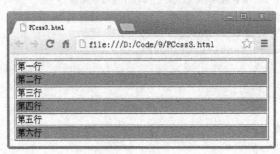

图 12-9 伪类选择器的应用效果 2

3．E:hover、E:active 和 E:focus 选择器

这 3 个选择器与锚伪类比较相似，只不过应用范围更广泛，可以应用于 div、input 等多种元素。这 3 个选择器的作用说明如下。

- ✓ E:hover：用于设定当鼠标光标悬浮于所选择元素时使用的样式。
- ✓ E:active：用于设定当鼠标单击所选择元素时使用的样式。
- ✓ E:focus：用于设定当所选择元素获取焦点时使用的样式。

下面我们通过一个例子来介绍这 3 个选择器的具体应用，示例代码如下。

```
<html>
<meta charset="gb2312" />
<style>
/*当鼠标光标悬停于div元素上时，为div元素增加边框*/
div:hover{border:1px solid blue;}
/*当鼠标单击div元素时，div元素背景色设置为绿色*/
div:active{background-color:green}
/*当input元素获得焦点时，input元素背景色设置为灰色*/
input:focus{background-color:gray}
</style>
<body>
<div>
```

```
<p>输入你的姓名：<input type="text"/></p>
</div>
</table>
</div>
</body>
</html>
```

保存此段代码并在页面中运行，显示效果如图 12-10～图 12-13 所示。

图 12-10 初始效果

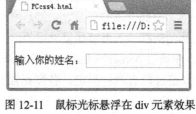

图 12-11 鼠标光标悬浮在 div 元素效果

图 12-12 鼠标单击 div 元素效果

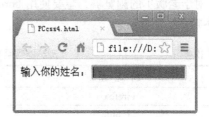

图 12-13 input 获得焦点效果

4. 其他的伪类选择器

除前面介绍的伪类选择器外，CSS3 中还提供了一些其他的伪类选择器，如表 12-3 所示。

表 12-3　　　　　　　　　　CSS3 其他伪类选择器

选 择 器	说　　明
E:enabled	用于指定所选择元素处于可用状态时应用的样式
E:disabled	用于指定所选择元素处于不可用状态时应用的样式
E:read-only	用于指定所选择元素处于只读状态时应用的样式
E:read-write	用于指定所选择元素处于非只读状态时应用的样式
E:checked	用于指定单选框元素或复选框元素处于选取状态时应用的样式
E:default	用于指定页面打开时默认处于选中状态的单选框元素或复选框元素应用的样式
E:indeterminate	用于设定页面打开时如果一组单选框中任一单选框被选中时整组单选框元素应用的样式
E:selection	用于指定所选择元素处于选中状态时应用的样式

12.4　控制页面样式

通过 CSS3 我们几乎可以控制页面中任何元素的显示样式，本小节将介绍如何通过 CSS3 设定页面元素的样式。

12.4.1 控制圆角边框样式

在网页中边框是一个应用非常广泛的元素，最简单的边框或许就是一个方形或矩形的 div 区域，没有任何修饰效果。但是这种边框虽然实现简单，却略显简陋，不够美观。在 CSS3 中可以通过对边框增加样式，实现圆角边框、弧形边框、设定边框线条样式、设定边框内部样式等效果。下面分别介绍各种样式的实现方式。

在 CSS2 设计的网页中我们也会经常见到圆角的边框，但是绝大多数页面都是通过图像文件辅助实现的，由此带来的负面效果就是增加了页面需要加载的信息。在 CSS3 中只需通过样式就能够实现圆角边框，不再需要借助图片。

CSS3 中通过 border-radius 可以指定圆角的半径，通过设定此属性来绘制圆角边框。由于目前 CSS3 的规范还没有最终确定，各浏览器开发商对于 border-radius 属性的支持也不相同。目前 Chrome、Firefox、Opera、Internet Explorer 9、Safari 的最新版本都已经支持直接使用 border-radius 属性。对于老版本的浏览器，想要使用 border-radius 属性时需要增加相应的前缀。各浏览器对应前缀说明如表 12-4 所示。

表 12-4　　　　　　　　　浏览器应用 border-radius 属性前缀

浏 览 器	前　　缀
Firefox	-moz-
Chrome	-webkit-
Safari	-webkit-

下面通过一个综合应用的例子来介绍各种圆角边框样式的具体应用，示例代码如下。

```
<html>
<meta charset="gb2312" />
<style>
div  /*页面中所有div元素应用的样式*/
{
    border:solid 3px;  /*显示边框且边框宽度为3像素*/
    padding:10px;  /*边框上下左右与内部文字距离10像素*/
    margin-top:10px;  /*div元素与上一元素距离浮动10像素*/
}
div[id="div1"]  /*id为div1的div元素应用的样式*/
{
    border-radius:25px;  /*各个圆角半径为25像素*/
}
div[id="div2"]  /*id为div2的div元素应用的样式*/
{
    border-radius: 35px 10px;  /*设置两种圆角半径分别为35像素和10像素*/
}
div[id="div3"]  /*id为div3的div元素应用的样式*/
{
    border:none;  /*设置不显示边框*/
    background-color:yellow;  /*设置背景颜色为黄色*/
    border-radius:25px;  /*设置各个圆角半径为25像素*/
}
</style>
```

```
<body>
<div>
    这个DIV的边框不使用任何样式
</div>
<div id="div1">
    这个DIV的边框将使用圆角边框样式
</div>
<div id="div2">
    这个DIV的边框将使用两种不同的圆角边框样式
</div>
<div id="div3">
    这个DIV不显示边框,背景边角为圆角
</div>
</body>
</html>
```
保存此段代码并在页面中运行,显示效果如图12-14所示。

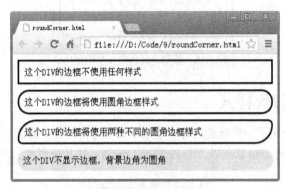

图12-14 圆角边框的显示效果

如果想要分别设置边框4个角的样式,可以使用以下4个属性。
- ✓ border-top-left-radius:用于设置边框左上角半径。
- ✓ border-top-right-radius:用于设置边框右上角半径。
- ✓ border-bottom-left-radius:用于设置边框左下角半径。
- ✓ border-bottom-right-radius:用于设置边框右下角半径。

这4个样式可单独使用,也可以结合使用。如果单独使用时,将对指定位置的角落应用设定样式。下面通过一个例子来演示这4个属性的效果,示例代码如下。

```
<html>
<meta charset="gb2312" />
<style>
div /*页面中所有div元素应用的样式*/
{
    border:solid 3px;  /*显示边框且边框宽度为3像素*/
    padding:10px;  /*边框上下左右与内部文字距离10像素*/
    border-top-left-radius:10px;  /*设置左上圆角半径为10像素*/
    border-top-right-radius:20px;  /*设置右上圆角半径为20像素*/
    border-bottom-right-radius:30px;  /*设置右下圆角半径为30像素*/
    border-bottom-left-radius:40px;  /*设置左下圆角半径为40像素*/
}
```

```
        </style>
        <body>
        <div>
            <p>这个 DIV 的四个角将分别设置为不同的样式</p>
            <p>这个 DIV 的四个角将分别设置为不同的样式</p>
            <p>这个 DIV 的四个角将分别设置为不同的样式</p>
        </div>
        </body>
        </html>
```

保存此段代码并在页面中运行，显示效果如图 12-15 所示。

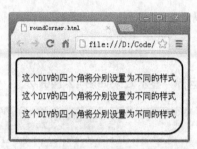

图 12-15　分别设置边框 4 个圆角样式

12.4.2　控制背景样式

CSS3 对背景样式补充了一些新的内容，追加了几个与背景相关的属性，包括 background-clip、background-origin、background-size 以及 background-break。这几个属性的功能说明如表 12-5 所示。

表 12-5　　　　　　　　　　　　CSS3 新增属性功能说明

属　　性	功能说明
background-clip	用于设定背景的显示范围
background-origin	用于设定绘制背景图像的起点
background-size	用于设定背景图像的大小
background-break	用于设定内联元素背景图像平铺时的循环方式

这几个属性目前在不同浏览器中需要增加前缀才能被浏览器正确识别。对应不同浏览器需要增加的前缀说明如表 12-6 所示。

表 12-6　　　　　　　　　　　　不同浏览器应用格式说明

属　　性	Firefox 应用格式	Chrome 应用格式	Safari 应用格式	Opera 应用格式
background-clip	加-moz-前缀	加-webkit-前缀	加-webkit-前缀	加-webkit-前缀
background-origin	加-moz-前缀	加-webkit-前缀	加-webkit-前缀	加-webkit-前缀
background-size	不加前缀	加-webkit-前缀	加-webkit-前缀	加-webkit-前缀
background-break	-moz-background-inline-policy	不支持	不支持	不支持

下面分别对这 4 个属性进行介绍。

1. background-clip

在介绍该属性之前，我们首先要了解一下具有背景的元素的组成结构。在网页中，一个具有背景的元素由 4 部分组成，如图 12-16 所示。

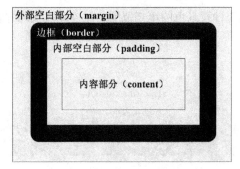

图 12-16　具有背景的元素组成结构图

在不同的 CSS 版本中，元素的背景显示范围有所区别。CSS2 中背景的显示范围为 padding 区域，CSS2.1 和 CSS3 中背景的显示范围为 border 区域和 padding 区域。CSS3 可以使用 background-clip 设定背景显示是否包括边框，如果该属性设置为 border，则背景范围包括边框区域；如果该属性设置为 padding，则背景范围不包括边框区域。下面通过一个例子来演示 background-clip 的显示效果，示例代码如下。

```
<html>
<meta charset="gb2312" />
<style>
div /*页面中所有div元素应用的样式*/
{
    padding : 30px;
    border:dashed 10px yellow; /*设置边框样式*/
    background-color:red; /*设置背景颜色*/
}
div[id="div1"]
{
    -webkit-background-clip:border; /*设置背景包括边框*/
}
div[id="div2"]
{
    -webkit-background-clip:padding; /*设置背景不包括边框*/
}
</style>
<body>
<div>
    此DIV元素背景颜色采用默认填充方式
</div>
<br>
<div id="div1">
    此DIV元素背景颜色会填充边框
</div>
<br>
<div id="div2">
    此DIV元素背景颜色不会填充边框
</div>
</body>
</html>
```

本例中我们定义了 div 元素的边框为黄色虚线，背景颜色为红色。3 个 div 元素分别设定了默认、填充边框、不填充边框 3 种背景色的填充范围。保存此段代码并在浏览器中运行，得到的结果如图 12-17 所示。

图 12-17 指定 div 背景颜色的填充范围

通过此例我们可以看出，CSS3 中元素背景默认填充范围是包括边框在内的。

2. background-origin

该属性用于设定背景图绘制起点，在默认情况下背景图是从 padding 区域的左上角开始绘制的。通过设置 background-origin 属性可以改变绘制起点，该属性可取值包括 3 个：border、padding 和 content。当该属性设置为 border 时，将以 border 区域左上角为起点开始绘制背景图；当该属性设置为 padding 时，将以 padding 区域左上角为起点开始绘制背景图；当该属性设置为 content 时，将以 content 区域左上角为起点开始绘制背景图。下面通过一个例子来演示 background-origin 的显示效果，示例代码如下。

```
<html>
<meta charset="gb2312" />
<style>
div /*页面中所有div元素应用的样式*/
{
    padding : 30px; /*设置padding区域*/
    border:dashed 10px; /*设置边框样式*/
    background-color:yellow; /*设置背景颜色*/
    background-image:url(log.jpg); /*设置背景图片*/
    background-repeat:no-repeat; /*设置背景图片重复模式*/
}
div[id="div1"]
{
    /*设置背景图片从边框区域左上角开始填充*/
    -webkit-background-origin:border;
}
div[id="div2"]
{
    /*设置背景图片从padding区域左上角开始填充*/
    -webkit-background-origin:padding;
```

```
}
div[id="div3"]
{
    /*设置背景图片从 content 区域左上角开始填充*/
    -webkit-background-origin:content;
}
</style>
<body>
<div id="div1">
    此 DIV 元素背景图片从边框区域左上角开始填充
</div>
<br>
<div id="div2">
    此 DIV 元素背景图片从 padding 区域左上角开始填充
</div>
<br>
<div id="div3">
    此 DIV 元素背景图片从 content 区域左上角开始填充
</div>
</body>
</html>
```

本例中我们定义了 3 个 div 元素的背景图片，分别从边框左上角、padding 左上角和 content 左上角开始填充。保存此段代码并在浏览器中运行，得到的结果如图 12-18 所示。

图 12-18 指定背景图片绘制起点

3. background-size

该属性用于设定背景图像的尺寸，应用格式为：

```
background:width height
```

其中参数 width 为背景图片的宽度，height 为背景图片的高度。下面通过一个例子来演示 background-size 的显示效果，示例代码如下。

```
<html>
<meta charset="gb2312" />
<style>
div /*页面中所有 div 元素应用的样式*/
{
    padding : 30px;
```

```
    border:dashed 1px;  /*设置边框样式*/
    background-image:url(log.jpg);  /*设置背景图片*/
    background-repeat:no-repeat;
}
div[id="div1"]
{
    /*设置背景图片大小*/
    background-size: 20px 20px;
}
</style>
<body>
<div>
</div>
<br>
<div id="div1">
</div>
</body>
</html>
```

本段代码中定义的两个 div，分别显示原图片和设置了大小的图片。保存此段代码并在浏览器中运行，得到的结果如图 12-19 所示。

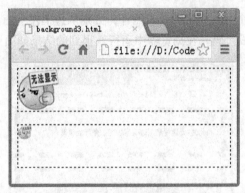

图 12-19　指定背景图片大小

4. background–break

该属性用于设定内联元素背景图像平铺时的循环方式，可取值包括 bounding-box、each-box 和 continuous。当该属性设置为 bounding-box 时，背景图片在整个元素内平铺；当该属性设置为 each-box 时，背景图片在每一行中平铺；当该属性设置为 continuous 时，下行的背景图片将继续前一行的背景图片继续平铺。

下面通过一个例子来演示 background-break 属性的显示效果，示例代码如下。

```
<!DOCTYPE html>
<html>
<meta charset="gb2312"/>
<style type="text/css">
span{
    background-image:url(log.jpg);  /*设置背景图片*/
    color:yellow;  /*设置文字颜色*/
    line-height:20px;  /*设置行高*/
}
span[id="span1"]{
```

```
    /*背景图片在整个元素内平铺*/
    -moz-background-inline-policy:bounding-box;
}
span[id="span2"]{
    /*背景图片在每一行中平铺*/
    -moz-background-inline-policy:each-box;
}
span[id="span3"]{
    /*下行的背景图片将继续前一行的背景图片继续平铺*/
    -moz-background-inline-policy:continuous;
}
</style>
<body>
<div><span id="span1">示例文字示例文字示例文字示例文字示例文字示例文字示例文字示例文字示例文字示例文字示例文字示例文字示例文字示例文字示例文字</span></div><br/>
<div><span id="span2">示例文字示例文字示例文字示例文字示例文字示例文字示例文字示例文字示例文字示例文字示例文字示例文字示例文字示例文字示例文字</span></div><br/>
<div><span id="span3">示例文字示例文字示例文字示例文字示例文字示例文字示例文字示例文字示例文字示例文字示例文字示例文字示例文字示例文字示例文字</span></div><br/>
</body>
</html>
```

本例中由于 span 元素内文字较多，当浏览器窗口小的时候会自动换行。三个 DIV 元素中的 span 元素分别设置了不同的平铺方式。保存此段代码并在浏览器中运行，得到的结果如图 12-20 所示。

图 12-20　设置背景图片平铺方式

　　由于目前其他浏览器不支持 background-break 属性，本例我们是在 Firefox 浏览器中运行并截图的。

12.4.3　控制颜色样式

在 CSS3 没有出现之前，使用样式设定颜色都是通过 RGB（其中 R 代表 Red 红色，G 代表 Green 绿色，B 代表 Blue 蓝色）颜色值实现的，同时开发人员只能通过 opacity 属性来设置元素的透明度。在 CSS3 中提供了三种新的颜色值：RGBA、HSL 以及 HSLA，并且允许开发人员通过对 RGBA 颜色值和 HSLA 颜色值设定 alpha 通道的方式，实现叠加效果。

1. 使用 RGBA 设置颜色样式

所谓的 RGBA 是在原来的 RGB 基础上增加了 alpha 通道值设定用于控制透明度，Alpha 通道值的取值范围在 0 至 1 之间，从透明（取值 0）逐渐过渡到不透明（取值 1）。RGBA 颜色的应用格式如下：

rgba(r,g,b,a)

其中参数 r、g、b、a 分别代表红颜色值、绿颜色值、蓝颜色值以及透明度。下面通过一个例子来演示 RGBA 的应用效果。示例代码如下：

```
<html>
<meta charset="gb2312" />
<style>
div
{
    height:100px;
}
div[id="div1"]
{
    background-color:rgba(255,255,0,0);
}
div[id="div2"]
{
    background-color:rgba(255,255,0,0.5);
}
div[id="div3"]
{
    background-color:rgba(255,255,0,1);
}
</style>
<body>
<div id="div1">
    此 DIV 区域完全透明，将不显示设定颜色
</div>
<div id="div2">
    此 DIV 区域透明度为 0.5
</div>
<div id="div3">
    此 DIV 区域不透明
</div>
</body>
</html>
```

本例中三个 DIV 区域不透明度逐渐递增，保存此段代码并在浏览器中运行，得到的结果如图 12-21 所示。

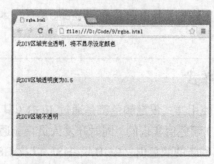

图 12-21　使用 RGBA 设置透明度

2. 使用 HSLA 设置颜色样式

除了可以使用 RGBA 方式设置颜色样式外，我们还可以通过 HSLA 的方式设置颜色。HSLA 的应用格式为：

hsla(h,s,l,a)

各参数 h、s、l、a 分别代表色调、饱和度、亮度以及 alpha 通道值。下面通过一个例子来演示 HSLA 的应用效果。示例代码如下。

```
<html>
<meta charset="gb2312" />
<style>
div
{
    height:100px;
}
div[id="div1"]
{
    background-color:hsla(150,60%,30%,0.3);
}
div[id="div2"]
{
    background-color:hsla(150,60%,30%,0.6);
}
div[id="div3"]
{
    background-color:hsla(150,60%,30%,0.9);
}
</style>
<body>
<div id="div1">
</div>
<div id="div2">
</div>
<div id="div3">
</div>
</body>
</html>
```

本例中定义了三个 DIV 区域，不透明度逐渐增加。保存此段代码并在浏览器中运行，得到的结果如图 12-22 所示。

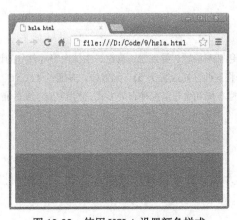

图 12-22 使用 HSLA 设置颜色样式

12.4.4 控制页面布局

网页的页面布局主要包括对标题、导航栏、脚注、主体内容等部分的设计，在 CSS2.1 中通常是将这些区域放置于 div 元素中，并通过 float、position 属性进行设置。在 CSS3 中增加了多栏布局和盒布局两种布局方式，使用 CSS3 新的布局方式可以使页面布局控制变得更加简单。

1. 多栏布局

在 CSS2.1 中如果要分块显示信息，往往需要根据所分的块数来定义相应的 div 元素，并把各块内容放置在相应的 div 元素中。在 CSS3 中通过多栏布局，只用一个 div 元素就可以实现上述分块显示效果。

CSS3 中多栏布局是通过 column-count 属性实现的，通过该属性设定数值来设置对应的元素要分为几个栏目进行显示。在 Firefox 浏览器中使用 column-count 属性需增加 "-moz-" 前缀，在 Chrome 浏览器中使用 column-count 属性需增加 "-webkit-" 前缀。

下面通过一个例子来演示 CSS3 多栏布局的应用效果，示例代码如下。

```html
<html>
<meta charset="gb2312" />
<style>
div{
    border:solid 1px;
    margin-top : 10px;
}
div[id="div1"]
{
    -webkit-column-count:2;
}
div[id="div2"]
{
    -webkit-column-count:3;
}
</style>
<body>
<div id="div1">
    网页的页面布局主要包括对标题、导航栏、脚注、主体内容等部分的设计，
    在CSS2.1中通常是将这些区域放置于div元素中，并通过float、position属性进行设置。
    在CSS3中增加了多栏布局和盒布局两种布局方式,使用CSS3新的布局方式可以使页面布局控制变得更加简单。
</div>
<div id="div2">
    网页的页面布局主要包括对标题、导航栏、脚注、主体内容等部分的设计，
    在CSS2.1中通常是将这些区域放置于div元素中，并通过float、position属性进行设置。
    在CSS3中增加了多栏布局和盒布局两种布局方式,使用CSS3新的布局方式可以使页面布局控制变得更加简单。
</div>
</body>
</html>
```

本例中定义了两个 div 元素，分别设置栏目数为 2 和 3。保存此段代码并在浏览器中运行，得到的结果如图 12-23 所示。

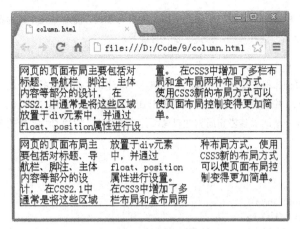

图 12-23 多栏布局显示效果

观察执行结果我们发现上面 div 元素区域内的文字，被分为两个栏目显示，而下面 div 元素区域内的文字被分为三个栏目显示。

2. 盒布局

盒布局有两种方式：水平布局和垂直布局。水平盒布局是将容器内的多个子区域以水平方式横向排列显示，垂直布局是将容器内的多个子区域以垂直方式纵向排列显示。在 CSS3 中将容器的 display 属性设置为 box 时，该容器子元素将以盒子布局方式进行显示。与多栏布局相同，在不同浏览器中使用盒布局也要增加相应前缀。

下面通过一个例子来演示 CSS3 盒布局的应用效果，示例代码如下。

```html
<html>
<meta charset="gb2312" />
<style>
div
{
    padding:5px;
    border:solid 1px;
}
.horizon
{
    display:-webkit-box;
    -webkit-box-orient: horizontal; /*水平盒样式*/
}
.vertical
{
    display:-webkit-box;
    -webkit-box-orient: vertical; /*垂直盒样式*/
}
.div1{-webkit-box-flex: 1;} /*设置分块大小*/
.div2{-webkit-box-flex: 1;} /*设置分块大小*/
</style>
<body>
<div class="vertical">
    <div class="div1">
        网页的页面布局主要包括对标题、导航栏、脚注、主体内容等部分的设计，
        在 CSS2.1 中通常是将这些区域放置于 div 元素中，并通过 float、position 属性进行设置。
```

```
                在CSS3中增加了多栏布局和盒布局两种布局方式,使用CSS3新的布局方式可以使页面布局控
制变得更加简单。
            </div>
            <div class="div2">
                网页的页面布局主要包括对标题、导航栏、脚注、主体内容等部分的设计,
                在CSS2.1中通常是将这些区域放置于div元素中,并通过float、position属性进行设置。
                在CSS3中增加了多栏布局和盒布局两种布局方式,使用CSS3新的布局方式可以使页面布局控
制变得更加简单。
            </div>
        </div>
        <br>
        <div class="horizon">
            <div class="div1">
                网页的页面布局主要包括对标题、导航栏、脚注、主体内容等部分的设计。
                在CSS2.1中通常是将这些区域放置于div元素中,并通过float、position属性进行设置。
                在CSS3中增加了多栏布局和盒布局两种布局方式,使用CSS3新的布局方式可以使页面布局控
制变得更加简单。
            </div>
            <div class="div2">
                网页的页面布局主要包括对标题、导航栏、脚注、主体内容等部分的设计。
                在CSS2.1中通常是将这些区域放置于div元素中,并通过float、position属性进行设置。
                在CSS3中增加了多栏布局和盒布局两种布局方式,使用CSS3新的布局方式可以使页面布局控
制变得更加简单。
            </div>
        </div>
    </body>
</html>
```

本例中定义了两个div区域,一个使用水平盒样式,一个使用垂直盒样式。保存此段代码并在浏览器中执行,得到的结果如图12-24所示。

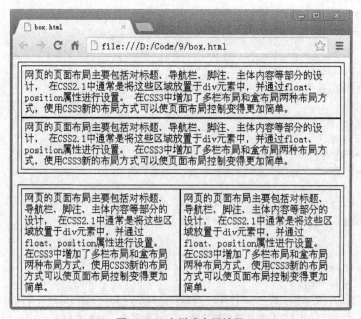

图12-24 盒样式布局效果

12.5 上机实践——购物车结算界面

12.5.1 实践目的

在网上购物的时候,每次交易的最后一个流程就是购物车结算。结算界面一般都是使用表格元素实现的,通过使用表格可以使信息分类更加明确。但是 HTML 原生的表格只是通过边线区分每个数据所在的区域,毫无美感可言。针对不同的网页风格,需要对表格添加相应的样式,以达到整体风格统一,提高用户体验的目的。

本上机实践将综合应用本章各技术点,对一个表格元素添加样式,实现美化结算界面的效果。

12.5.2 设计思路

对于表格的美化主要包含两个方面:表头样式、表文样式。表头一般用于说明各列数据的作用,通常需要突出显示表头信息。表文主要是表格数据,通常可以使用相间的背景颜色以区别相邻行。结算表格的最后一行通常用于显示和值信息,所以最后一行也应突出显示。根据如上分析,我们设定设计步骤如下。

(1)设计结算界面基础结构。表格包括以下信息:商品名称、单价、购买数量、总价。由于这里是模拟购物车界面,所以我们事先填充几种商品的信息。在表格最后一行,是所有购物车内商品总价格。

(2)为界面增加 CSS3 样式。分别对表格的表头、数据信息、最后一行统计信息增加相应的样式。

12.5.3 实现过程

根据上面的设计思路,我们设计代码如下。

```
<html>
<meta charset="gb2312" />
<style>
div{
    width:600px;  /*设置div宽度*/
    border-style:solid;  /*设置div边框样式*/
    border-radius:8px;  /*设置边框圆角样式*/
}
table{
    width:100%;  /*设置table宽度*/
    border-collapse:collapse;  /*设置边框样式*/
}
td,th{
    border:none;  /*设置td、th边框样式*/
}
th{
    line-height:30px;
    background-color:#000;  /*设置th背景色样式*/
```

```
        color:#fff;  /*设置 th 文字颜色样式*/
    }
    td{
        line-height:20px;
    }
    tr:nth-of-type(even){
        background-color:#F3F3F3;  /*设置偶数行背景色样式*/
    }
    tr:nth-of-typ(odd){
        background-color:#ddd;  /*设置奇数行背景色样式*/
    }
    td:nth-child(n+2){
        text-align:right;  /*设置除第 1 列外，其他列文本对齐方式*/
    }
    tr:last-child{
        font-weight:bolder;  /*设置最后一行的文字样式*/
    }
    tr:last-child td:last-child{
        font-size:25px;  /*设置最后一行最后一列的文字样式*/
    }
</style>
<body>
<div>
<table>
    <tr>
        <th>商品名称</th>
        <th>单价</th>
        <th>购买数量</th>
        <th>总价</th>
    </tr>
    <tr>
        <td>iPhone 4S</td>
        <td>4360</td>
        <td>1</td>
        <td>4360</td>
    </tr>
    <tr>
        <td>三星 I9300</td>
        <td>3700</td>
        <td>1</td>
        <td>3700</td>
    </tr>
    <tr>
        <td>联想 A789</td>
        <td>900</td>
        <td>3</td>
        <td>2700</td>
    </tr>
    <tr>
        <td>华为 G600</td>
        <td>1200</td>
        <td>3</td>
```

```
            <td>3600</td>
        </tr>
        <tr>
            <td colspan="3">总价</td>
            <td>14460</td>
        </tr>
    </table>
    </div>
</body>
</html>
```

12.5.4 显示效果

保存上面的代码,并在浏览器中运行,得到的效果如图 12-25 所示。

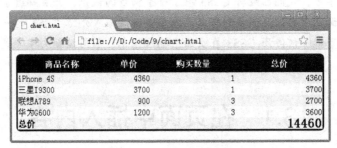

图 12-25 购物车结算界面

= 小 结 =

本章主要首先介绍了 CSS 的发展过程、CSS3 的由来,然后分别介绍了 CSS3 中选择器的作用以及常用选择器的用法,最后介绍了几种使用 CSS3 控制页面样式的方法,包括圆角边框样式、背景样式、颜色样式以及页面布局。

= 习 题 =

(1) CSS3 中的选择器有什么作用?
(2) 属性选择器的应用格式有哪几种?
(3) CSS3 中的圆角边框是如何实现的?
(4) 在 CSS3 中控制颜色样式有哪两种方式?

第 13 章 CSS3 高级应用

通过上一章的学习,我们已经对 CSS3 有了一个初步的认识,并且知道了在网页设计中如何应用 CSS3 选择页面元素并设置简单的样式。本章将继续深入介绍 CSS3 的一些高级应用。通过本章学习,读者将了解如何使用 CSS3 在页面中插入信息、如何控制文字样式、变形处理、如何实现动画效果。

13.1 在页面中插入内容

很多时候我们要动态设置网页内容,根据不同的应用环境在网页同一位置显示不同的信息,这时就可以通过 CSS 向页面插入内容的形式实现。使用 CSS 可以向页面中指定元素内部插入文字、图像以及项目编号。下面将分别介绍这几种功能的实现方式。

13.1.1 插入文字

使用 CSS 的 before 选择器和 after 选择器,可以向所选择的页面元素的前面或后面插入指定文字信息。插入的文字信息定义在选择器的 content 属性中。使用 content 属性不仅可以指定待插入的文字信息内容,还可以设置文字信息的样式。before 选择器和 after 选择器的应用格式为:

```
元素:before{
    content:'信息内容'
}
元素:after{
    content: '信息内容'
}
```

下面通过一个例子演示如何使用 CSS3 向网页中插入文字,示例代码如下。

```
<!DOCTYPE html>
<html>
<meta charset="gb2312" />
<style>
h1:before  /*在选择元素前面插入*/
{
    content:'CSS3';  /*插入信息内容*/
    color:red;
    font-family:sans-serif;
    font-size:20px;
```

```
}
h1:after   /*在选择元素后面插入*/
{
    content:'--插入文字信息';  /*插入信息内容*/
    color:blue;
    font-size:50px;
}
</style>
<fieldset>
    <legend>
        插入文字
    </legend>
    <h1>高级应用</h1>
</fieldset>
</html>
```

保存此段代码并在浏览器中运行，得到的效果如图 13-1 所示。

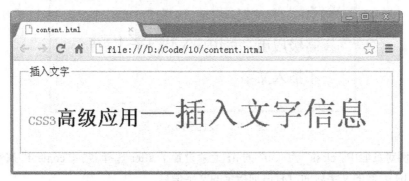

图 13-1　插入文字

在本例中，对 h1 元素添加了 before 和 after 选择器用于插入文字信息。此设置将对页面中所有的 h1 元素起作用，如果想要指定的 h1 元素不插入文字信息，可以将指定的 h1 元素选择器的 content 属性设置为 none。对上面例子的代码修改如下。

```
<!DOCTYPE html>
<html>
<meta charset="gb2312" />
<style>
h1:before   /*在选择元素前面插入*/
{
    content:'CSS3';  /*插入信息内容*/
    color:red;
    font-family:sans-serif;
    font-size:20px;
}
h1:after   /*在选择元素后面插入*/
{
    content:'--插入文字信息';  /*插入信息内容*/
    color:blue;
    font-size:50px;
}
h1.no:after   /*设置类为 no 的 h1 元素后面不插入文字*/
```

```
    {
        content:none
    }
    </style>
    <fieldset>
        <legend>
            插入文字
        </legend>
        <h1>高级应用</h1>
        <h1 class="no">不插入文字</h1>
    </fieldset>
</html>
```
保存此段代码并在浏览器中运行,得到的效果如图13-2所示。

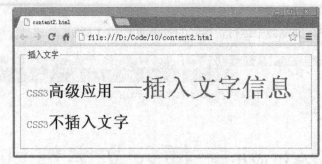

图13-2 设置不插入文字

由于本例对页面中"class"为"no"的h1元素设置了after选择器的"content"属性为"none",所以第二个h1元素的文字后面没有追加指定的文字信息。

 除了使用"content:none"设置不插入文字外,使用"content:normal"也可以达到同样效果。

13.1.2 插入图像

使用before和after选择器,除了可以插入文字外,还可以插入图像信息。在页面中插入图像信息,也是通过设置content属性实现的,只不过在插入图像时,content属性赋值为图像文件的路径。下面通过一个例子演示如何使用CSS3向网页中插入文字,示例代码如下。

```
<!DOCTYPE html>
<html>
<meta charset="gb2312" />
<style>
p:before /*在选择元素前面插入*/
{
    content:url(duihao.png);  /*插入图像文件路径*/
    margin-right:5px;
}
</style>
<fieldset>
    <legend>
        插入图像
```

```
        </legend>
        <p>第一章</p>
        <p>第二章</p>
        <p>第三章</p>
        <p>第四章</p>
        <p>第五章</p>
</fieldset>
</html>
```
保存此段代码并在浏览器中运行,得到的效果如图 13-3 所示。

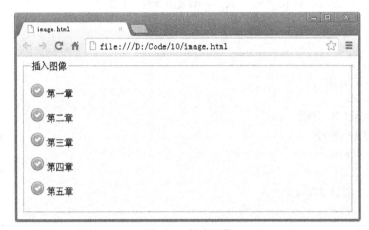

图 13-3 插入图像

本例中使用 before 选择器为每个 p 元素文字信息前面插入了一个指定的图片。

13.1.3 插入项目编号

当页面中有多个项目存在时,可以通过 before 选择器和 after 选择器,为多个项目添加项目编号。使用 CSS3 插入项目编号通过两个步骤实现,第一步是将选择器 content 属性设置为 counter,第二步是为待插入项目编号元素添加 counter-increment 样式属性。具体的应用格式如下。

```
元素:before{
    content:counter(计数器名称);
}
元素:{
    counter-increment:计数器名称;
}

元素:after{
    content:counter(计数器名称);
}
元素:{
    counter-increment:计数器名称;
}
```

其中计数器的名称可以任意命名,如果没有为元素添加 counter-increment 属性设置,则所有编号都为 0。下面通过一个例子演示如何使用 CSS3 向网页中插入项目,示例代码如下。

```
<!DOCTYPE html>
```

```
<html>
<meta charset="gb2312" />
<style>
p:before  /*在选择元素前面插入*/
{
    content:'10.'counter(myCounter);  /*插入项目编号*/
    margin-right:10px;
}
p
{
    counter-increment:myCounter;  /*设置项目编号递增*/
}
</style>
<fieldset>
    <legend>
        插入项目编号
    </legend>
    <p>在页面中插入内容</p>
    <p>文字样式控制</p>
    <p>变形处理</p>
    <p>页面布局</p>
    <p>转换和过渡处理</p>
</fieldset>
</html>
```

保存此段代码并在浏览器中运行，得到的效果如图 13-4 所示。

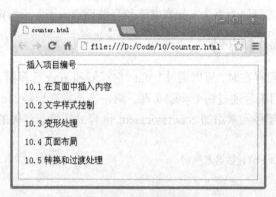

图 13-4　插入项目编号

本例中使用 before 选择器，为页面中所有 p 元素增加了项目编号，其中 content 属性设置格式为 "'10.'counter(myCounter);"，前面的 "10." 是固定显示的字符串，而后面的数字则是逐级递增的。在实际应用中，我们可以根据具体需求灵活设置 content 属性值。

13.2　文字样式控制

使用 CSS3 除了可以设置文字大小、颜色等文字基本样式外，可以设置一些高级样式，例如为文字增加阴影、设置文字换行、使用服务器端字体以及修改字体种类等。下面将分别介绍 CSS3

在这几种效果中的具体应用。

13.2.1 为文字增加阴影效果

在 CSS3 中通过设置 text-shadow 属性，可以为页面中的文字增加阴影效果。text-shadow 的应用格式如下。

```
text-shadow : len len len color
```

其中 len 分别用于设置阴影与文字的横向距离、阴影与文字的纵向距离以及阴影的模糊半径；color 用于设置阴影的颜色。下面通过一个例子来介绍 text-shadow 的具体应用方法及使用效果，示例代码如下。

```
<!DOCTYPE html>
<html>
<meta charset="gb2312" />
<style>
p
{
    text-shadow:10px 10px 5px gray; /*设置阴影效果*/
    font-size:60px; /*设置文字样式*/
}
</style>
<fieldset>
    <legend>
        为文字增加阴影效果
    </legend>
    <p>阴影</p>
</fieldset>
</html>
```

保存此段代码并在浏览器中运行，得到的效果如图 13-5 所示。

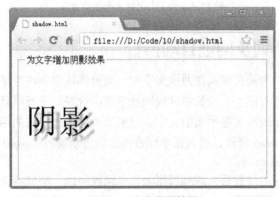

图 13-5 文字阴影效果

通过修改 text-shadow 的属性值可以改变阴影的位置及颜色。此外，如果对 text-shadow 设置多个属性值，可以为文字添加多个阴影，多个属性值之间使用逗号分隔。为文字添加多个阴影效果的示例代码如下。

```
<!DOCTYPE html>
<html>
<meta charset="gb2312" />
<style>
```

```
p
{
    text-shadow:10px 10px 5px gray, /*设置多个阴影样式*/
              40px 40px 5px gray,
              70px 70px 5px gray;
    font-size:60px; /*设置文字大小*/
}
</style>
<fieldset>
    <legend>
        为文字增加阴影效果
    </legend>
    <p>阴影</p>
</fieldset>
</html>
```

保存此段代码并在浏览器中运行，得到的效果如图 13-6 所示。

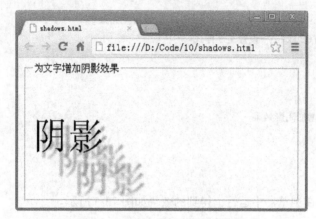

图 13-6 为文字增加多个阴影效果

13.2.2 设置单词及网址自动换行

当网页中的文本类型为英文或其他西欧文字时，浏览器往往会在空格、标点或连字符的位置进行自动换行。但是有的时候，一些长单词或网址字符串恰好处于行尾且超出浏览器边界，此时浏览器一般会通过滚动条的形式显示当前文字。但滚动条的形式带来的用户体验不佳，我们可以使用 CSS3 提供的 word-wrap 属性，设置长单词或网址的自动换行。word-wrap 的应用格式如下：

```
word-wrap : break-word;
```

当添加了 word-wrap 的设置后，遇到行尾为长单词或网址，浏览器会自动截断并将剩余部分信息在下一行进行显示。下面通过一个例子来介绍 word-wrap 的具体应用方法及使用效果，示例代码如下：

```
<!DOCTYPE html>
<html>
<meta charset="gb2312" />
<style>
div{
    width:300px;
    border:1px solid;
}
```

```
div[id="div1"]
{
    word-wrap:break-word;
}
</style>
<div id="div1">
        wordwrapbreakwordwordwrapbreakwordwordwrapbreakwordwordwrapbreakword
    </div>
    <br>
    <div id="div2">
        wordwrapbreakwordwordwrapbreakwordwordwrapbreakwordwordwrapbreakword
    </div>
</html>
```

本例中设置 div1 区域内的文字自动换行而 div2 区域内的文字不自动换行。保存此段代码并在浏览器中运行，得到的效果如图 13-7 所示。

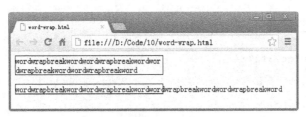

图 13-7　设置单词自动换行效果

13.2.3　使用服务器端字体

在 CSS3 之前，网页开发人员对页面文字设置的字体必须是用户客户端支持的才能够正常显示。如果客户端没有安装页面中设置的字体，用户在浏览页面时将使用默认字体显示。CSS3 增加了使用服务器端字体的功能，通过该功能最大程度地保证了网页的通用性。因为只要服务器端安装了指定的字体，客户在任何一台终端浏览网页，都能够正确显示文本字体样式。

在 CSS3 中通过@font-face 属性来应用服务器端字体，应用格式如下。

```
@font-face
{
    font-family:WebFont;
    src:url(path)
}
```

其中，font-family 属性值设置为 WebFont 用于声明使用服务器端的字体，src 指定了服务器端字体文件所在的路径。

通过@font-face 还可以设置使用客户端本地字体，设置方法为将 src 属性设置为 local(paht)。当加入了客户端本地字体设置后，浏览器加载时首先会尝试使用本地字体文件，如果没有找到合适的字体文件时，将使用服务器端字体文件。

13.3　元素变形处理

在 CSS3 中可以通过样式设置，实现文字、图像等的旋转、缩放、移动等变形处理功能，变形主要是通过 transform 属性实现的。由于不同浏览器对 transform 属性的支持不同，实际应用中应根据浏览器类型添加相应的前缀，不同浏览器对应的格式如表 13-1 所示。

表 13-1　　　　　　　　　　　　浏览器对应应用格式说明

浏览器	transform 应用格式
Chrome	-webkit-transform
Safari	-webkit-transform
Opera	-o-transform
Firefox	-moz-transform

下面分别介绍如何使用 transform 实现变形效果。

13.3.1 缩放效果

使用 scale 方法指定缩放倍数可以实现文字或图像的缩放效果。下面通过一个例子演示缩放效果，示例代码如下。

```
<!DOCTYPE html>
<html>
<meta charset="gb2312" />
<style>
div{
    font-size:40px;
}
div[id="div1"]{
    -webkit-transform:scale(0.5);
}
</style>
<fieldset>
<legend>缩放效果</legend>
<div>
    这段文字正常显示
</div>
<div id="div1">
    这段文字将被缩小
</div>
</fieldset>
</html>
```

保存此段代码并在浏览器中运行，得到的效果如图 13-8 所示。

图 13-8　缩放效果

13.3.2 旋转效果

使用 rotate 方法指定旋转角度可以实现文字或图像的旋转效果。下面通过一个例子演示旋转效果，示例代码如下。

```
<!DOCTYPE html>
<html>
<meta charset="gb2312" />
<style>
div{
    font-size:40px;
}
div[id="div1"]{
    -webkit-transform:rotate(30deg);
}
</style>
<fieldset>
<legend>旋转效果</legend>
<div>
    这段文字正常显示
</div>
<br>
<br>
<br>
<div id="div1">
    这段文字将被旋转
</div>
</fieldset>
</html>
```

保存此段代码并在浏览器中运行，得到的效果如图 13-9 所示。

图 13-9　旋转效果

rotate 设置的角度单位 reg 为 CSS3 中定义的角度单位。

13.3.3　移动效果

使用 translate 方法指定水平方向和垂直方向的移动距离，可以实现文字或图像的移动效果。

下面通过一个例子演示移动效果，示例代码如下。

```
<!DOCTYPE html>
<html>
<meta charset="gb2312" />
<style>
div{
    font-size:40px;
    -webkit-transform:translate(30px,30px);
}
</style>
<fieldset>
<legend>移动效果</legend>
<div>
    此段文字将被移动
</div>
</fieldset>
</html>
```

保存此段代码并在浏览器中运行，得到的效果如图13-10所示。

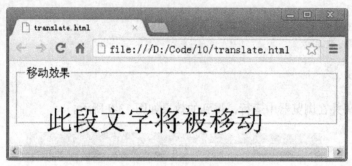

图 13-10　移动效果

13.3.4　倾斜效果

使用 skew 方法指定水平方向倾斜角度和垂直方向倾斜角度，可以实现文字或图像的倾斜效果。下面通过一个例子演示倾斜效果，示例代码如下。

```
<!DOCTYPE html>
<html>
<meta charset="gb2312" />
<style>
div{
    font-size:40px;
    -webkit-transform:skew(-30deg,-10deg);
}
</style>
<fieldset>
<legend>倾斜效果</legend>
<div>
    此段文字将被倾斜
</div>
</fieldset>
</html>
```

保存此段代码并在浏览器中运行,得到的效果如图 13-11 所示。

图 13-11　倾斜效果

13.4　样式过渡

CSS3 提供了样式过渡的处理机制。样式过渡指的是允许将元素的某个属性从一个指定的属性值平滑过渡到另一个指定的属性值。通过样式过渡的应用,可以在页面中实现简单的动画效果。CSS3 中使用 transition 属性实现样式过渡,应用格式如下:

```
transition : property duration timing-function
```

其中,property 用于设置执行过渡处理的属性,duration 用于设置完成过渡所需要的时间,timing-function 用于设置过渡的方式。transition 与 transform 属性一样,在应用时需要针对不同的浏览器,增加相应的前缀。

下面通过一个例子来介绍 transition 的具体应用及实现效果,示例代码如下。

```
<!DOCTYPE html>
<html>
<meta charset="gb2312" />
<style>
div{
    font-size:10px;
    -webkit-transition:font-size 1s linear;/*设置过渡方式*/
}
div:hover{
    font-size:50px;
}
</style>
<fieldset>
<legend>过渡处理</legend>
<div>
    此段文字属性将会发生变化
</div>
</fieldset>
</html>
```

本例中对 div 区域中的文字设置了样式过渡处理,当鼠标悬浮于 div 元素区域上时,div 元素内部文字字体将逐渐变大;当鼠标离开 div 元素区域时,div 元素内部文字字体将逐渐变小。保存此段代码并在浏览器中运行,得到的效果如图 13-12 和图 13-13 所示。

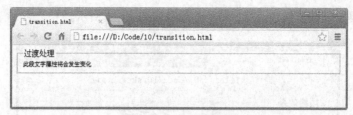

图 13-12　初始效果

图 13-13　变化后的效果

使用 transition 还可以设置多个属性的样式过渡效果，多个属性之间使用逗号分隔。

13.5　更为复杂的样式过渡

CSS3 中除了可以使用 transition 实现样式过渡外，还可以使用 animations 属性实现样式过渡。animations 与 transition 的区别在于，由于 transition 只能设置元素开始的样式和结束的样式，并在两种样式之间实现平台过渡，所以 transition 实现的动画效果较为简单。animations 则可以定义多个样式转换过程的中间点（这些中间点也成为关键帧）的不同属性值，进而实现相对复杂的动画效果。

下面通过一个例子来介绍 animations 的具体应用及实现效果，示例代码如下。

```
<!DOCTYPE html>
<html>
<meta charset="gb2312" />
<style>
div{
    font-size:10px;
}
div:hover{
    -webkit-animation-name:sizeChange;   /*设置关键帧集合名称*/
    -webkit-animation-duration:3s;   /*设置变换间隔*/
    -webkit-animation-timing-function:linear;   /*设置变换方式*/
}
@-webkit-keyframes sizeChange{    /*关键帧集合*/
    0%{font-size:20px}
    20%{font-size:30px}
    40%{font-size:40px}
    60%{font-size:50px}
    80%{font-size:40px}
    100%{font-size:20px}
}
</style>
```

```
<fieldset>
<legend>过渡处理</legend>
<div>
    此段文字属性将会发生变化
</div>
</fieldset>
</html>
```

本例中对 div 区域中的文字设置了样式过渡处理,当鼠标悬浮于 div 元素区域上时,div 元素内部文字字体将逐渐变大然后再逐渐变小。保存此段代码并在浏览器中运行,得到的效果如图 13-14 所示。

图 13-14　使用 animations 实现复杂样式过渡

13.6　上机实践——个性留言板

13.6.1　实践目的

使用 CSS3 样式表,制作一个个性的留言板界面。本上机实践将综合应用本章的相关技术点,包括插入信息、设置文字样式、设置自动换行、使用元素旋转效果、使用样式过渡等。通过本上机实践,读者能够熟练掌握 CSS3 样式应用,并对其产生更加直观的认识。

13.6.2　设计思路

留言板主要包括用户信息、留言信息,用户信息可以是用户名、用户头像等,留言信息与对应发表留言的用户信息应处于同一区域。为了使页面更加美观,可以对用户头像以及留言文本增加相应的样式。根据如上分析,我们设定设计步骤如下。

(1)设计页面基本元素并初始化内容。
(2)添加 CSS3 样式,对页面进行美化。

13.6.3　实现过程

根据上面的设计思路,我们设计代码如下。

```
<!DOCTYPE html>
<html>
<meta charset="gb2312" />
<style>
div[id="container"]{  /*设置最外层容器 div 元素样式*/
    padding:10px;
    background-image:url(bg.jpg);
```

```css
            }
            img{ /*设置页面中用户头像样式*/
                margin:15px 0px 0px 10px;
                width:100px;
                height:100px;
                border-radius: 5px; /*设置边框圆角样式*/
                -webkit-transform:rotate(10deg); /*设置元素旋转*/
                -webkit-transition:-webkit-transform 1s linear;/*设置样式过渡方式*/
            }
            img:hover{ /*设置鼠标悬浮时样式*/
                -webkit-transform:rotate(180deg); /*设置元素旋转*/
            }
            .content{ /*设置页面中留言信息样式*/
                width: 650px;
                position:relative;
                left:30px;
                background-color:#e2eff9;
                border-radius: 20px; /*设置边框圆角样式*/
                padding:10px;
                margin-top:10px;
                word-wrap:break-word; /*设置自动换行*/
            }
            .content:hover{ /*设置鼠标悬浮时样式*/
                text-shadow:1px 1px 1px gray; /*设置文字阴影样式*/
            }
            .content:after{ /*设置插入三角图像*/
                content:"\00a0";
                display:block;
                position:absolute;
                top:15px;
                left:-20px;
                width:0;
                height:0;
                border-style:solid;
                border-width:10px 20px 10px 0;
                border-color:transparent #e2eff9 transparent transparent;
            }
            .float{ /*设置float类样式*/
                float:left;
            }
            .clear{ /*设置clear类样式*/
                clear:both;
            }
        </style>
        <div id="container">
            <div class="float">
                <img src="b.jpg"/>
            </div>
            <div class="float">
                <div class="content">
                    If you buy this phone on amazon or anywhere else for the $1000+ price tag, your just a fool. This phone is great,
```

```
                    but only slightly better than the 4S which also runs ios6. The iPhone
5 has a bigger screen which is useful,
                    a slightly better processing chip, and that's about it. If you don't
own an iphone,
                    getting a 4 or 4S is a better deal since will cost you like 40% less
but is only like 10% inferior to the iphone 5.
                </div>
            </div>
            <div class="clear"></div>
            <div class="float">
                <img src="c.jpg"/>
            </div>
            <div class="float">
                <div class="content">
                    I've owned the iPhone 4,Samsung Galaxy S3, and have tried the HTC Evo
and Samsung Note, and was weary to upgrade to the iPhone 5.
                    Apple delivered, but some say they delivered to little and I agree.The
price is stupidly high and the larger screen size
                    was not reason alone for me to upgrade, but Once I picked it up it
fit perfectly in my hand and just felt right. Unlike my
                    iPhone 4 which I though was a bit small (hence why I bought S3) this
really gives the S3 a run for its money.
                </div>
            </div>
            <div class="clear"></div>
            <div class="float">
                <img src="d.jpg"/>
            </div>
            <div class="float">
                <div class="content">
                    I went to Apple store thinking of exchanging another phone, so I brought
the 4 and Note 2 with me just showing them I got issue with signal,
                    not that I want something "new in the box" for re-sales or anything.
They told me it's a known issue and all the phone would be the same.
                    We did a test. 5 Apple staff carried 5 iPhone 5 and me stepping out
of the store. We all stood like 3-4 stores from the Apple store.
                    Guess what? None of their iPhone 5 got any wi-fi signal nor the 4G
works.
                </div>
            </div>
            <div class="clear"></div>
            <div class="float">
                <img src="e.jpg"/>
            </div>
            <div class="float">
                <div class="content">
                    My headline pretty much sums up my review. This IS a great phone. Don't
get me wrong. The 2-star rating isn't because it's a bad phone.
                    It's because Apple basically did nothing to upgrade the 4S other than
making it a pubic hair faster and re-designing it a bit to be
                    slightly longer and lighter. That's it. The 4S is a great phone, the
iPhone 5 is also great, but maybe, what, 2% better than the 4S?
                    It's not worth it to upgrade, unless you have an iPhone 3 or something.
                </div>
            </div>
            <div class="clear"></div>
    </div>
    </html>
```

13.6.4 显示效果

保存上面的代码并在浏览器中运行，得到的效果如图 13-15 所示。

图 13-15　个性留言板效果

当鼠标悬浮在用户头像上时，头像将发生旋转效果，如图 13-16 所示。

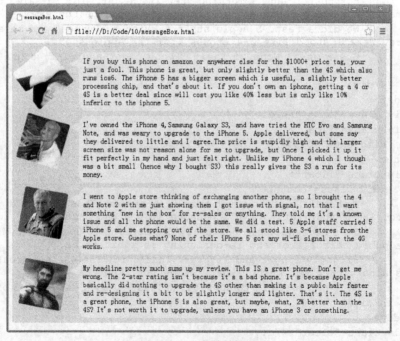

图 13-16　头像旋转效果

当鼠标悬浮于留言信息上时，文字将产生阴影效果，如图 13-17 所示。

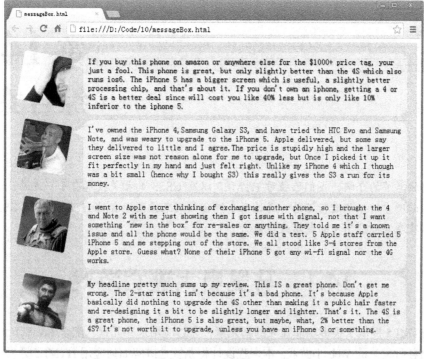

图 13-17　文字阴影效果

小　　结

本章主要介绍了 CSS3 中一些高级样式的应用，包括在页面中插入信息，控制页面文字样式、控制页面元素变形以及控制页面样式过渡。通过本章的学习，读者对 CSS3 的应用有了更加深入的了解，同时也能够使用 CSS3 更好地控制页面样式。

习　　题

（1）如何向页面中所有的图片元素后插入"图像"文字？
（2）CSS3 中使用哪个属性为文字增加阴影，该属性的各个属性值分别有什么作用？
（3）在 CSS3 中使用服务器端字体有何意义？
（4）如何实现页面指定元素的缩放和旋转？

第14章 综合案例

通过前面章节的介绍，我们已经对HTML5以及CSS3的相关技术有了一定的认识和了解。本章将对前面所学的知识进行汇总，通过两个综合案例来提高读者对HTML5和CSS3的综合应用能力，以及在实际应用中的灵活处理能力。

14.1 马里奥大逃亡游戏

由于HTML5提供了很多功能强大的新元素，通过应用这些元素，配合JavaScript处理脚本，可以开发出各种复杂的Web小游戏。本课程设计将系统地讲解如何应用HTML5开发一个小游戏的整个流程。

14.1.1 游戏介绍

逃生游戏的主体是一块正方形区域，游戏主体内容包括玩家控制的人物"马里奥"，以及系统控制的怪物。玩家可以通过键盘控制游戏人物向上、右上、右、右下、下、左下、左、左上方向移动。怪物在区域内随机移动，并且怪物数量随着时间的增长不断增多。玩家控制游戏人物躲避怪物，当游戏人物碰到怪物时，游戏人物死亡，游戏结束。

14.1.2 需求分析

1. 应用技术分析

本游戏主要应用到以下3种技术点。

（1）Canvas元素，主要用于构建并显示游戏内容。
（2）CSS3样式，主要用于设置游戏内容样式。
（3）JavaScript，主要用于各种游戏参数、事件的控制。

2. 实现流程分析

（1）定义视觉效果，包括游戏场景大小、背景样式、游戏人物以及怪物样式。
（2）定义怪物AI，本游戏中不需要为怪物添加复杂的AI，只需定义其移动轨迹及新增怪物事件即可。
（3）定义游戏人物控制事件。
（4）定义游戏结束事件。

14.1.3 详细设计

根据上面的分析,我们开始进行游戏的详细设计,实现代码如下。

```html
<html>
<meta charset="UTF-8" />
<body>
<canvas id="gameCanvas" width="600" height="600">您的浏览器不支持Canvas</canvas>
<script type="text/JavaScript" >
//获取画布元素
var canvas = document.getElementById("gameCanvas");
var ctx = canvas.getContext("2d");

//定义游戏场景
var bgReady = false;
var bgImage = new Image();
bgImage.src = "img/bg.jpg";
bgImage.onload = function(){
    bgReady = true;
}

//定义mario对象样式
var marioReady = false;
var marioImage = new Image();
marioImage.src = "img/mario.png";
marioImage.onload = function(){
    marioReady = true;
}

//定义怪物样式
var monsterReady = false;
var monsterImage = new Image();
monsterImage.src = "img/monster.png";
monsterImage.onload = function(){
    monsterReady = true;
}

//定义mario初始参数
var mario = {
    speed: 256,
    x: canvas.width/2,
    y: canvas.height/2
}

//定义怪物初始参数
function monster() {
    this.x = Math.random() * canvas.width;
    this.y = Math.random() * canvas.height;
    this.speed = 100;
    this.xDirection = 1;
    this.yDirection = 1;
    this.move = function (modifier) {
        this.x += this.xDirection * this.speed * modifier;
        this.y += this.yDirection * this.speed * modifier;
```

```
                if (this.x >= canvas.width - 32)
                {
                    this.x = canvas.width - 32;
                    this.xDirection = -1;
                }else if (this.x <= 0)
                {
                    this.x = 0;
                    this.xDirection = 1;
                }else if (this.y >= canvas.height - 32)
                {
                    this.y = canvas.height - 32;
                    this.yDirection = -1;
                }else if (this.y <= 0)
                {
                    this.y = 0;
                    this.yDirection = 1;
                }
        };
}

var monsterSum = 0;
var monsterList = new Array();
monsterList[monsterSum] = new monster();

var keysDown = {};

//添加键盘操作监控事件
addEventListener(
    "keydown",
    function (e) {
        keysDown[e.keyCode] = true;
    },
    false
);
addEventListener(
    "keyup",
    function (e) {
        delete keysDown[e.keyCode];
    }
);

//定义移动事件
var Move = function (modifier) {

    if (38 in keysDown) {
        mario.y -= mario.speed * modifier;
    }
    if (40 in keysDown) {
        mario.y += mario.speed * modifier;
    }
    if (37 in keysDown) {
        mario.x -= mario.speed * modifier;
    }
    if (39 in keysDown) {
        mario.x += mario.speed * modifier;
    }
```

```
        if (mario.x >= canvas.width - 32) {
            mario.x = 0;
        }else if (mario.x <= 0) {
            mario.x = canvas.width - 32;
        }
        if (mario.y >= canvas.height - 32) {
            mario.y = 0;
        }else if (mario.y <= 0) {
            mario.y = canvas.height - 32;
        }

        for (var i = 0; i <= monsterSum; i++) {
            monsterList[i].move(modifier);
        }
    }

//定义绘图事件
var Draw = function () {
    if (bgReady) {
        ctx.drawImage(bgImage, 0 ,0);
        if (marioReady) {
            ctx.drawImage(marioImage, mario.x, mario.y);
        }

        if (monsterReady) {
            for (var i = 0; i <= monsterSum; i++)
            ctx.drawImage(monsterImage, monsterList[i].x, monsterList[i].y);
        }
    }
    ctx.fillStyle = "rgb(250, 250, 250)";
    ctx.font =  "24px Helvetica";
    ctx.textAlign = "left";
    ctx.textBaseline = "top";
    last = Date.now() - start;
    ctx.fillText(last/1000, 12, canvas.height-590);
}

//设定怪物刷新并判断位置
var Check = function () {

    if (monsterSum != Math.floor(last / 5000)){
        monsterSum ++;
        monsterList[monsterSum] = new monster();
    }

    for (var i = 0; i <= monsterSum; i++) {
        if (
            (monsterList[i].x - 32) <= mario.x
            && mario.x <= (monsterList[i].x + 32)
            && (monsterList[i].y - 32) <= mario.y
            && mario.y <= (monsterList[i].y + 32)
        ) {
            end = Date.now();
            alert("你被怪物捉到了，游戏结束");
            End();
```

```
        }
    }
}

var End = function () {
    if (bgReady) {
        ctx.drawImage(bgImage, 0 ,0);
    }
    window.clearInterval(timer);
    return;
}

var main = function () {
    var now = Date.now();
    var delta = now - then;
    Move(delta / 1000);
    Draw();
    Check();

    then = now;
}

var then = Date.now();
var start = then;
timer = setInterval(main, 1);
</script>
</body>
</html>
```

14.1.4 游戏效果

保存上面的代码并在浏览器中运行，得到的效果如图 14-1 所示。

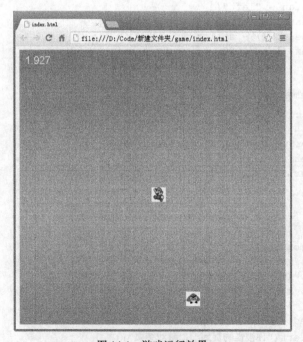

图 14-1　游戏运行效果

随着时间增加，怪物的数量会变多，当游戏人物被怪物捉到时游戏结束，效果如图 14-2 所示。

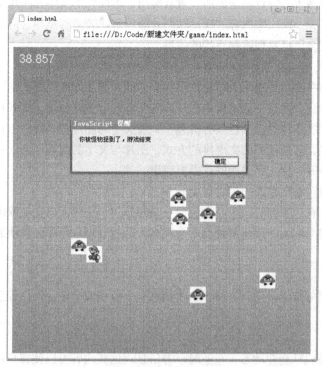

图 14-2　游戏结束效果

14.2　欧美风格企业网站

通过前面的学习，我们已经知道 HTML5 在网站建设方面会提供很多的便利。本课程设计将以一个欧美风格的企业网站建设为例，介绍 HTML5 和 CSS3 整合应用在网站开发方面的具体应用。

 由于我们的侧重点在于页面，所以本例中采用的都是静态页面，没有加入数据库的相关操作。在实际应用中，页面中绝大多数信息都应该是从数据库中读取并显示的。

14.2.1　需求分析

随着网络应用的普及，使用网站来宣传和展示企业信息已经成为企业宣传的重要手段。设计良好的企业网站，对于提高企业知名度、使客户更好地了解企业，加强企业与客户沟通等多个方面都起着至关重要的作用。

在设计企业网站页面效果时候，需要考虑几个方面的内容。

1．网站风格

网站风格受多方面因素的影响，不同国家、不同行业、不同客户群体决定了网站的展示风格。本课程设计为一个欧美风格的企业网站，因此在设计过程中需要遵循以下原则。

（1）页面的风格

欧美风格的网站最大的特点就是简洁、重点突出，页面中的文字和图片都相对较少，文字和图片的混排也相对较少，而文字内容的描述和图片展示都比较紧凑集中，但关联紧密，使浏览者可以明确精准地找到自己想要搜索和寻找的信息。

（2）页面的布局

欧美风格的网站在图片的应用上喻意传达很有内涵，图片处理很精致细腻，与区域的划分区块大小搭配很合理恰当，而且一般都集中在页面的头部或者中间位置，少有在页面中与区块错落混排的情况。使用文字的位置摆放也很有讲究，一般文字与图片都是在分布在两个区块里，较少使用图文混排的方式，即使使用图文混排的方式，图片与文字的间隔也会大一些。这样会使图片和文字说明的内容分开，使文字说明的作用更突出。

（3）单独色块对区域及重点内容进行划分

欧美风格的网站在色彩的应用上，主色调一般都选用一些给人以稳重深沉的颜色，如灰色、深蓝色、黑色等。整个网站使用色调种类不会很多，通过合理应用单独色块起到突出显示重点信息内容的作用。

2. 网站内容

企业网站最主要的作用是向外界展示企业信息，一般来说，企业网站应该包含以下四个主要部分。

（1）企业新闻

该部分内容主要包括企业动态、企业时事等信息。这些内容可以使客户从多方面了解企业人文信息、企业文化、企业近况的多方面信息。

（2）企业产品

该部分为企业网站的重点展示部分，主要包括企业相关产品的说明、介绍信息。多采用图片、说明性信息等方式进行展示。

（3）服务信息

该部分为企业提供的各种服务信息，同企业产品信息展示较为相似。

（4）联系我们

该部分为客户与企业联系部分，如果客户对网站展示产品或服务感兴趣，或者存在各种问题，可以通过在线留言的方式与企业沟通。

3. 编码结构

好的编码结构有利于多人协同工作以及网站后期维护，因此在开发网站过程中，各页面应遵循相同的编码结构规范及布局规范。

14.2.2 概要设计

1. 网站结构设计

通过如上分析，我们可将整个网站结构设计如图 14-3 所示。

这里我们主要设计了五个页面，分别用于展示不同的信息内容。

2. 网页编码设计

本课程设计开发主要包含以下三个方面的信息。

（1）HTML 页面。主要是页面基础信息展示需要的相关元素设计。

（2）CSS3 页面样式。主要是页面基础信息样式设计。

（3）JavaScript 脚本。主要是页面中动画效果等相关脚本设计。

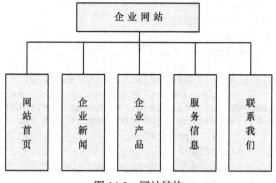

图 14-3　网站结构

将 JavaScript 脚本以及样式表信息从页面中抽取出来，可以使页面结构更加清晰，也能让各部分开发人员更加专注于自己的工作内容。

14.2.3　详细设计

1. 首页设计（index.html）

```html
<!DOCTYPE html>
<html lang="en">
<head>
<title>Home</title>
<meta charset="utf-8">
</head>
<body id="page1">
    <div class="body1">
    <div class="main">
<!-- header 部分 -->
        <header>
            <div class="wrapper">
            <h1><a href="index.html" id="logo">Progress Business Company</a></h1>
            <nav>
                <ul id="menu">
                    <li id="nav1" class="active"><a href="index.html">Home<span>Welcome!</span></a></li>
                    <li id="nav2"><a href="News.html">News<span>Fresh</span></a></li>
                    <li id="nav3"><a href="Services.html">Services<span>for you</span></a></li>
                    <li id="nav4"><a href="Products.html">Products<span>The best</span></a></li>
                    <li id="nav5"><a href="Contacts.html">Contacts<span>Our Address</span></a></li>
                </ul>
            </nav>
            </div>
        </header>
<!-- header 部分结束-->
    </div>
    </div>
```

```html
            <div class="body3">
                <div class="main">
    <!-- content -->
                    <article id="content">
                        <div class="wrapper">
                            <section class="cols">
                                <h3><span class="dropcap">A</span>Business<span>planning</span></h3>
                                <p class="pad_bot1">Progress is one of <a href="http://blog.templatemonster.com/free-website-templates/" target="_blank">free website templates</a> created by TemplateMonster.com, optimized for 1024x768 res.</p>
                                <a href="#" class="link1">Read More</a>
                            </section>
                            <section class="cols pad_left1">
                                <h3><span class="dropcap">B</span>Business<span>strategies</span></h3>
                                <p class="pad_bot1">This <a href="http://blog. templatemonster.com/2011/07/11/free-website-template-slider-typography/">Progress Template</a> goes with two packages - with PSD source files and without them.</p>
                                <a href="#" class="link1">Read More</a>
                            </section>
                            <section class="cols pad_left1">
                                <h3><span class="dropcap">C</span>Powerful<span>analytics</span></h3>
                                <p class="pad_bot1">PSD source files are available for free for registered members. The basic package is available for anyone.</p>
                                <a href="#" class="link1">Read More</a>
                            </section>
                            <section class="cols pad_left1">
                                <h3><span class="dropcap">D</span>Worldwide<span>solutions</span></h3>
                                <p class="pad_bot1">This website template has several pages: Home, News, Services, Products, Contacts (contact form doesn't work).</p>
                                <a href="#" class="link1">Read More</a>
                            </section>
                        </div>
                        <div class="wrapper">
                            <section class="col1">
                                <h2 class="under">Welcome to our web site, dear visitor!</h2>
                                <div class="wrapper">
                                    <figure class="left marg_right1"><img src="images/page1_img1.jpg" alt=""></figure>
                                    <p class="pad_bot1">At vero eos et accusamus et iusto odio dignissimos ducimus qui blanditiis praesentium voluptatum deleniti atque corrupti quos dolores et quas molestias excepturi sint occaecati cupiditate non provident, similique sunt in culpa.</p>
                                    <p>
                                        Et harum quidem rerum facilis est et expedita distinctio. Nam libero tempore, cum soluta nobis est eligendi optio cumque nihil impedit quo minus id quod maxime placeat facere possimus, omnis voluptas assumenda est, omnis dolor repellendus.</p>
                                </div>
                            </section>
                            <section class="col2 pad_left1">
                                <h2>Testimonials</h2>
                                <div class="testimonials">
```

```html
                              <div id="testimonials">
                                <ul>
                                  <li>
                                    <div>
                                              "Nam libero tempore, cum soluta nobis eligendi quo minus quod maxime placeat facere."
                                    </div>
                                    <span><strong class="color1">James Coloway,</strong><br>
                                      Director</span>
                                  </li>
                                  <li>
                                    <div>
                                              "Nam libero tempore, cum soluta nobis eligendi quo minus quod maxime placeat facere."
                                    </div>
                                    <span><strong class="color1">James Coloway, </strong><br>
                                      Director</span>
                                  </li>
                                  <li>
                                    <div>
                                              "Nam libero tempore, cum soluta nobis eligendi quo minus quod maxime placeat facere."
                                    </div>
                                    <span><strong class="color1">James Coloway, </strong>
                                      <br>
                                      Director</span>
                                  </li>
                                </ul>
                              </div>
                              <a href="#" class="up"></a>
                              <a href="#" class="down"></a>
                          </div>
                        </section>
                    </div>
                </article>
            </div>
        </div>
        <div class="body4">
            <div class="main">
                <article id="content2">
                    <div class="wrapper">
                        <section class="col3">
                            <h4>Why Us?</h4>
                            <ul class="list1">
                                <li><a href="#">Reason 1</a></li>
                                <li><a href="#">Reason 2</a></li>
                                <li><a href="#">Reason 3</a></li>
                                <li><a href="#">Reason 4</a></li>
                            </ul>
                        </section>
                        <section class="col3 pad_left2">
```

```html
                                <h4>Address</h4>
                                <ul class="address">
                                    <li><span>Country:</span>USA</li>
                                    <li><span>City:</span>New York</li>
                                    <li><span>Phone:</span>000-00-00</li>
                                    <li><span>Email:</span><a href="mailto:">test@mail.com</a></li>
                                </ul>
                            </section>
                            <section class="col3 pad_left2">
                                <h4>Follow Us</h4>
                                <ul id="icons">
                                    <li><a href="#"><img src="images/icon1.jpg" alt=""> Facebook</a></li>
                                    <li><a href="#"><img src="images/icon2.jpg" alt=""> Twitter</a></li>
                                    <li><a href="#"><img src="images/icon3.jpg" alt=""> LinkedIn</a></li>
                                    <li><a href="#"><img src="images/icon4.jpg" alt=""> Delicious</a></li>
                                </ul>
                            </section>
                            <section class="col2 right">
                                <h4>Newsletter</h4>
                                <form id="newsletter" method="post">
                                    <div>
                                        <div class="wrapper">
                                            <input class="input" type="text" value="Type Your Email Here"  onblur="if(this.value=='') this.value='Type Your Email Here'" onfocus="if(this.value =='Type Your Email Here' ) this.value=''" >
                                        </div>
                                        <a href="#" class="button" onclick="document.getElementById('newsletter').submit()">Subscribe</a>
                                    </div>
                                </form>
                            </section>
                        </div>
                </article>
    <!-- content 部分结束 -->
                </div>
        </div>
            <div class="main">
    <!-- footer 部分 -->
                <footer>
                    Design by TestCompany<br>
                    CopyRight@2012
                </footer>
    <!-- footer 部分结束 -->
            </div>
</body>
</html>
```

2. 企业产品页面设计（Products.html）

```html
<!DOCTYPE html>
<html lang="en">
<head>
```

```html
        <title>Products</title>
        <meta charset="utf-8">
    </head>
    <body id="page4">
        <div class="body1">
            <div class="main">
<!-- header -->
                <header>
                    <div class="wrapper">
                        <h1><a href="index.html" id="logo">Progress Business Company</a></h1>
                        <nav>
                            <ul id="menu">
                                <li id="nav1"><a href="index.html"> Home<span> Welcome!</span></a></li>
                                <li id="nav2"><a href="News.html">News<span>Fresh</span></a></li>
                                <li id="nav3"><a href="Services.html">Services<span>for you</span></a></li>
                                <li id="nav4" class="active"><a href="Products.html"> Products<span>
The best</span></a></li>
                                <li id="nav5"><a href="Contacts.html">Contacts<span>Our Address</span></a></li>
                            </ul>
                        </nav>
                    </div>
                </header><div class="ic">More Website Templates  at TemplateMonster.com!</div>
<!-- header 部分结束-->
            </div>
        </div>
        <div class="body3">
            <div class="main">
<!-- content -->
                <article id="content">
                    <div class="wrapper">
                        <section class="cols">
                            <div class="wrapper pad_bot2">
                                <h3><span class="dropcap">1</span>Product name</h3>
                                <figure><img src="images/page4_img1.jpg" alt=""></figure>
                                <p class="pad_bot1">Lorem ipsum dolor sit amet, consectetur adipisicing elit, sed do eiusmod tempor incididunt ut labore.</p>
                                <a href="#" class="link1">Read More</a>
                            </div>
                            <div class="wrapper">
                                <h3><span class="dropcap">4</span>Product name</h3>
                                <figure><img src="images/page4_img2.jpg" alt=""></figure>
                                <p class="pad_bot1">Excepteur sint occaecat cupidatat non proident, sunt in culpa qui officia dese- runt mollit anim id est laborum.</p>
                                <a href="#" class="link1">Read More</a>
                            </div>
                        </section>
                        <section class="cols pad_left1">
                            <div class="wrapper pad_bot2">
```

```html
                        <h3><span class="dropcap">2</span>Product name</h3>
                        <figure><img src="images/page4_img3.jpg" alt=""> </figure>
                        <p class="pad_bot1">Dolore magna aliqua. Ut enim ad minim veniam, quis nostrud exercitation ullamco laboris nisi ut aliquip exea.</p>
                        <a href="#" class="link1">Read More</a>
                    </div>
                    <div class="wrapper">
                        <h3><span class="dropcap">5</span>Product name</h3>
                        <figure><img src="images/page4_img4.jpg" alt=""></figure>
                        <p class="pad_bot1">Sed ut perspiciatis unde omnis iste natus error sit voluptatem accusantium doloremque laudantium.</p>
                        <a href="#" class="link1">Read More</a>
                    </div>
                </section>
                <section class="cols pad_left1">
                    <div class="wrapper pad_bot2">
                        <h3><span class="dropcap">3</span>Product name</h3>
                        <figure><img src="images/page4_img5.jpg" alt=""></figure>
                        <p class="pad_bot1">Commodo consequat. Duis aute irure dolor in reprehenderit in voluptate velit esse cillum dolore.</p>
                        <a href="#" class="link1">Read More</a>
                    </div>
                    <div class="wrapper">
                        <h3><span class="dropcap">6</span>Product name</h3>
                        <figure><img src="images/page4_img6.jpg" alt=""></figure>
                        <p class="pad_bot1">Totam rem aperiam, eaque ipsa quae ab illo inventore veritatis et quasi architecto beatae vitae dicta sunt explicabo.</p>
                        <a href="#" class="link1">Read More</a>
                    </div>
                </section>
            </div>
        </article>
    </div>
</div>
<div class="body4">
    <div class="main">
        <article id="content2">
            <div class="wrapper">
                <section class="col3">
                    <h4>Why Us?</h4>
                    <ul class="list1">
                        <li><a href="#">Reason 1</a></li>
                        <li><a href="#">Reason 2</a></li>
                        <li><a href="#">Reason 3</a></li>
                        <li><a href="#">Reason 4</a></li>
                    </ul>
                </section>
                <section class="col3 pad_left2">
                    <h4>Address</h4>
                    <ul class="address">
                        <li><span>Country:</span>USA</li>
```

```html
                                <li><span>City:</span>New York</li>
                                <li><span>Phone:</span>000-00-00</li>
                                <li><span>Email:</span><a href="mailto:">progress@mail.com</a></li>
                            </ul>
                        </section>
                        <section class="col3 pad_left2">
                            <h4>Follow Us</h4>
                            <ul id="icons">
                                <li><a href="#"><img src="images/icon1.jpg" alt="">Facebook</a></li>
                                <li><a href="#"><img src="images/icon2.jpg" alt="">Twitter</a></li>
                                <li><a href="#"><img src="images/icon3.jpg" alt="">LinkedIn</a></li>
                                <li><a href="#"><img src="images/icon4.jpg" alt="">Delicious</a></li>
                            </ul>
                        </section>
                        <section class="col2 right">
                            <h4>Newsletter</h4>
                            <form id="newsletter" method="post">
                                <div>
                                    <div class="wrapper">
                                        <input class="input" type="text" value="Type Your Email Here" onblur="if(this.value=='') this.value='Type Your Email Here'" onFocus="if(this.value =='Type Your Email Here' ) this.value=''" >
                                    </div>
                                    <a href="#" class="button" onClick="document.getElementById('newsletter').submit()">Subscribe</a>
                                </div>
                            </form>
                        </section>
                    </div>
                </article>
<!-- content 部分结束 -->
            </div>
        </div>
            <div class="main">
<!-- footer -->
                <footer>
                    Design by html5css3.com<br>
                    CopyRight@2012
                </footer>
<!-- footer 部分结束 -->
            </div>
</body>
</html>
```

3. 企业新闻页面设计（News.html）

```html
<!DOCTYPE html>
<html lang="en">
<head>
<title>News</title>
<meta charset="utf-8">
</head>
```

```html
<body id="page2">
    <div class="body1">
        <div class="main">
<!-- header -->
            <header>
                <div class="wrapper">
                    <h1><a href="index.html" id="logo">Progress Business Company</a></h1>
                    <nav>
                        <ul id="menu">
                            <li id="nav1"><a href="index.html">Home<span>Welcome!</span></a></li>
                            <li id="nav2" class="active"><a href="News.html">News<span>Fresh</span></a></li>
                            <li id="nav3"><a href="Services.html">Services<span>for you</span></a></li>
                            <li id="nav4"><a href="Products.html">Products<span>The best</span></a></li>
                            <li id="nav5"><a href="Contacts.html">Contacts<span>Our Address</span></a></li>
                        </ul>
                    </nav>
                </div>
            </header><div class="ic">More Website Templates at TemplateMonster.com!</div>
<!-- header 部分结束-->
        </div>
    </div>
    <div class="body3">
        <div class="main">
<!-- content -->
            <article id="content">
                <div class="wrapper tabs">
                    <div class="tab-content" id="tab1">
                        <h5><span class="dropcap"><strong>28</strong><span>06 </span></span>Lorem ipsum dolor sit amet consectetur adipisicing elit</h5>
                        <div class="wrapper pad_bot2">
                            <figure class="left marg_right1"><img src="images/page2_img1.jpg" alt=""></figure>
                            <p class="pad_bot1">Duis aute irure dolor in reprehenderit in voluptate velit esse cillum dolore eu fugiat nulla pariatur. Excepteur sint occaecat cupidatat non proident, sunt in culpa qui officia deserunt mollit anim id est laborum. Sed ut perspiciatis unde omnis iste natus error sit voluptatem accusantium doloremque laudantium, totam rem aperiam, eaque ipsa quae ab illo inventore veritatis et quasi architecto beatae vitae dicta sunt explicabo. Nemo enim ipsam voluptatem quia voluptas sit aspernatur aut odit aut fugit.</p>
                            <a href="#" class="link1">Read More</a>
                        </div>
                        <h5><span class="dropcap"><strong>25</strong><span>06 </span></span>Duis aute irure dolor in reprehenderit</h5>
                        <div class="wrapper pad_bot2">
                            <figure class="left marg_right1"><img src="images/page2_img2.jpg" alt=""></figure>
                            <p class="pad_bot1">Sed quia consequuntur magni dolores eos qui ratione voluptatem sequi nesciunt. Neque porro quisquam est, qui dolorem
```

```
ipsum quia dolor sit amet, consectetur, adipisci velit, sed quia non numquam eius modi 
tempora incidunt ut labore et dolore magnam aliquam quaerat voluptatem. Ut enim ad minima 
veniam, quis nostrum exercitationem ullam corporis suscipit laboriosam, nisi ut aliquid 
ex ea commodi consequatur. Quis autem vel eum iure reprehenderit qui in ea voluptate 
velit esse quam nihil molestiae consequatur.</p>
                                    <a href="#" class="link1">Read More</a>
                                </div>
                            </div>
                            <div class="tab-content" id="tab2">
                                <h5><span 
class="dropcap"><strong>25</strong><span>06 </span></span>Duisaute irure dolor in 
reprehenderit</h5>
                                <div class="wrapper pad_bot2">
                                    <figure class="left marg_right1"><img src="images/
page2_img2.jpg" alt=""></figure>
                                    <p class="pad_bot1">Sed quia consequuntur magni 
dolores eos qui ratione voluptatem sequi nesciunt. Neque porro quisquam est, qui dolorem 
ipsum quia dolor sit amet, consectetur, adipisci velit, sed quia non numquam eius modi 
tempora incidunt ut labore et dolore magnam aliquam quaerat voluptatem. Ut enim ad minima 
veniam, quis nostrum exercitationem ullam corporis suscipit laboriosam, nisi ut aliquid 
ex ea commodi consequatur. Quis autem vel eum iure reprehenderit qui in ea voluptate 
velit esse quam nihil molestiae consequatur.</p>
                                    <a href="#" class="link1">Read More</a>
                                </div>
                                <h5><span 
class="dropcap"><strong>21</strong><span>06 </span></span>Sed ut perspiciatis unde 
omnis iste natus error sit voluptatem</h5>
                                <div class="wrapper pad_bot2">
                                    <figure class="left marg_right1"><img src="images/
page2_img3.jpg" alt=""></figure>
                                    <p class="pad_bot1">Vel illum qui dolorem eum fugiat 
quo voluptas nulla pariatur. At vero eos et accusamus et iusto odio dignissimos ducimus 
qui blanditiis praesentium voluptatum deleniti atque corrupti quos dolores et quas 
molestias excepturi sint occaecati cupiditate non provident, similique sunt in culpa 
qui officia deserunt mollitia animi, id est laborum et dolorum fuga. Et harum quidem 
rerum facilis est et expedita distinctio. Nam libero tempore, cum soluta nobis est 
eligendi optio cumque nihil impedit quo minus id quod maxime placeat facere possimus, 
omnis.</p>
                                    <a href="#" class="link1">Read More</a>
                                </div>
                            </div>
                            <div class="tab-content" id="tab3">
                                <h5><span 
class="dropcap"><strong>21</strong><span>06 </span></span>Sed ut perspiciatis unde 
omnis iste natus error sit voluptatem</h5>
                                <div class="wrapper pad_bot2">
                                    <figure class="left marg_right1"><img src="images/
page2_img3.jpg" alt=""></figure>
                                    <p class="pad_bot1">Vel illum qui dolorem eum fugiat 
quo voluptas nulla pariatur. At vero eos et accusamus et iusto odio dignissimos ducimus 
qui blanditiis praesentium voluptatum deleniti atque corrupti quos dolores et quas 
molestias excepturi sint occaecati cupiditate non provident, similique sunt in culpa 
qui officia deserunt mollitia animi, id est laborum et dolorum fuga. Et harum quidem 
rerum facilis est et expedita distinctio. Nam libero tempore, cum soluta nobis est 
eligendi optio cumque nihil impedit quo minus id quod maxime placeat facere possimus, 
omnis.</p>
                                    <a href="#" class="link1">Read More</a>
                                </div>
                                <h5><span 
class="dropcap"><strong>28</strong><span>06</span></span>Lorem ipsum dolor sit amet
```

```html
                    consectetur adipisicing elit</h5>
                                    <div class="wrapper pad_bot2">
                                        <figure class="left marg_right1"><img src="images/page2_img1.jpg" alt=""></figure>
                                        <p class="pad_bot1">Duis aute irure dolor in reprehenderit in voluptate velit esse cillum dolore eu fugiat nulla pariatur. Excepteur sint occaecat cupidatat non proident, sunt in culpa qui officia deserunt mollit anim id est laborum. Sed ut perspiciatis unde omnis iste natus error sit voluptatem accusantium doloremque laudantium, totam rem aperiam, eaque ipsa quae ab illo inventore veritatis et quasi architecto beatae vitae dicta sunt explicabo. Nemo enim ipsam voluptatem quia voluptas sit aspernatur aut odit aut fugit.</p>
                                        <a href="#" class="link1">Read More</a>
                                    </div>
                                </div>
                                <ul class="nav">
                                    <li class="selected"><a href="#tab1">1</a></li>
                                    <li><a href="#tab2">2</a></li>
                                    <li><a href="#tab3">3</a></li>
                                </ul>
                            </div>
                        </article>
                    </div>
                </div>
                <div class="body4">
                    <div class="main">
                        <article id="content2">
                            <div class="wrapper">
                                <section class="col3">
                                    <h4>Why Us?</h4>
                                    <ul class="list1">
                                        <li><a href="#">Reason 1</a></li>
                                        <li><a href="#">Reason 2</a></li>
                                        <li><a href="#">Reason 3</a></li>
                                        <li><a href="#">Reason 4</a></li>
                                    </ul>
                                </section>
                                <section class="col3 pad_left2">
                                    <h4>Address</h4>
                                    <ul class="address">
                                        <li><span>Country:</span>USA</li>
                                        <li><span>City:</span>New York</li>
                                        <li><span>Phone:</span>000-00-00</li>
                                        <li><span>Email:</span><a href="mailto:">test @mail.com</a></li>
                                    </ul>
                                </section>
                                <section class="col3 pad_left2">
                                    <h4>Follow Us</h4>
                                    <ul id="icons">
                                        <li><a href="#"><img src="images/icon1.jpg" alt=""> Facebook</a></li>
                                        <li><a href="#"><img src="images/icon2.jpg" alt=""> Twitter</a></li>
                                        <li><a href="#"><img src="images/icon3.jpg" alt=""> LinkedIn</a></li>
                                        <li><a href="#"><img src="images/icon4.jpg" alt=""> Delicious</a></li>
```

```html
                        </ul>
                    </section>
                    <section class="col2 right">
                        <h4>Newsletter</h4>
                        <form id="newsletter" method="post">
                            <div>
                                <div class="wrapper">
                                    <input class="input" type="text" value="Type Your Email Here" onblur="if(this.value=='') this.value='Type Your Email Here'" onFocus="if(this.value =='Type Your Email Here' ) this.value=''" >
                                </div>
                                <a href="#" class="button" onClick="document.getElementById('newsletter').submit()">Subscribe</a>
                            </div>
                        </form>
                    </section>
                </div>
            </article>
<!-- content 部分结束 -->
        </div>
    </div>
        <div class="main">
<!-- footer -->
            <footer>
                Design by TestCompany<br>
                CopyRight@2012
            </footer>
<!-- footer 部分结束 -->
        </div>
</body>
</html>
```

4. 企业服务页面设计（Services.html）

```html
<!DOCTYPE html>
<html lang="en">
<head>
<title>Services</title>
<meta charset="utf-8">
</head>
<body id="page3">
    <div class="body1">
        <div class="main">
<!-- header -->
            <header>
                <div class="wrapper">
                    <h1><a href="index.html" id="logo">Progress Business Company</a></h1>
                    <nav>
                        <ul id="menu">
                            <li id="nav1"><a href="index.html">Home<span>Welcome!</span></a></li>
                            <li id="nav2"><a href="News.html">News<span>Fresh </span></a></li>
                            <li id="nav3" class="active"><a href="Services.html">Services<span>for you</span></a></li>
                            <li id="nav4"><a href="Products.html">Products<span>
```

```html
                                        The best</span></a></li>
                                        <li id="nav5"><a href="Contacts.html">Contacts<span>Our Address</span></a></li>
                                    </ul>
                                </nav>
                            </div>
                        </header><div class="ic">More Website Templates   at TemplateMonster.com!</div>
        <!-- header 部分结束-->
                </div>
            </div>
            <div class="body3">
                <div class="main">
    <!-- content -->
                    <article id="content">
                        <div class="wrapper">
                            <h2 class="under">Overview of Our Main Business Courses</h2>
                            <div class="wrapper">
                                <section class="cols">
                                    <div class="wrapper pad_bot1">
                                        <figure class="left marg_right1"><img src="images/page3_img1.gif" alt=""></figure>
                                        <h6>Strategic Planning</h6>
                                        <p>At vero eos et accusamus et iusto odio dignissimo ducimu qui blanditiis praesentium voluptatum deleniti.</p>
                                    </div>
                                    <div class="wrapper">
                                        <figure class="left marg_right1"><img src="images/page3_img2.gif" alt=""></figure>
                                        <h6>Risk Management</h6>
                                        <p>Nobis eligendi optio cumque nihil impedit quo minus id quod maxime placeat facere possimus, omnis voluptas. </p>
                                    </div>
                                </section>
                                <section class="cols pad_left1">
                                    <div class="wrapper pad_bot1">
                                        <figure class="left marg_right1"><img src="images/page3_img3.gif" alt=""></figure>
                                        <h6>Clients Relationship</h6>
                                        <p>Atque corrupti quos dolores et quas molestias excepturi sint occaecati cupiditate non provident.</p>
                                    </div>
                                    <div class="wrapper">
                                        <figure class="left marg_right1"><img src="images/page3_img4.gif" alt=""></figure>
                                        <h6>Investments</h6>
                                        <p>assumenda est, omnis dolor repellendus. Temporibus autem quibusdam aut officiis debitis aut.</p>
                                    </div>
                                </section>
                                <section class="cols pad_left1">
                                    <div class="wrapper pad_bot1">
                                        <figure class="left marg_right1"><img src="images/page3_img5.gif" alt=""></figure>
                                        <h6>Insurance Services</h6>
                                        <p>Similique sunt in culpa harum quidem rerum facilis est et expedita distinctio namlibero tempore, cum soluta.</p>
```

```html
                    </div>
                    <div class="wrapper">
                        <figure class="left marg_right1"><img src="images/page3_img6.gif" alt=""></figure>
                        <h6>Sales Lead Generation</h6>
                        <p>Rerum necessitatibus saepe eveniet et voluptatesrepu- diandae sint et molestiae non recusandae.</p>
                    </div>
                </section>
            </div>
        </div>
    </article>
</div>
</div>
<div class="body4">
    <div class="main">
        <article id="content2">
            <div class="wrapper">
                <section class="col3">
                    <h4>Why Us?</h4>
                    <ul class="list1">
                        <li><a href="#">Reason 1</a></li>
                        <li><a href="#">Reason 2</a></li>
                        <li><a href="#">Reason 3</a></li>
                        <li><a href="#">Reason 4</a></li>
                    </ul>
                </section>
                <section class="col3 pad_left2">
                    <h4>Address</h4>
                    <ul class="address">
                        <li><span>Country:</span>USA</li>
                        <li><span>City:</span>New York</li>
                        <li><span>Phone:</span>000-00-00</li>
                        <li><span>Email:</span><a href="mailto:">test@mail.com</a></li>
                    </ul>
                </section>
                <section class="col3 pad_left2">
                    <h4>Follow Us</h4>
                    <ul id="icons">
                        <li><a href="#"><img src="images/icon1.jpg" alt="">Facebook</a></li>
                        <li><a href="#"><img src="images/icon2.jpg" alt="">Twitter</a></li>
                        <li><a href="#"><img src="images/icon3.jpg" alt="">LinkedIn</a></li>
                        <li><a href="#"><img src="images/icon4.jpg" alt="">Delicious</a></li>
                    </ul>
                </section>
                <section class="col2 right">
                    <h4>Newsletter</h4>
                    <form id="newsletter" method="post">
                        <div>
                            <div class="wrapper">
```

```html
                                    <input    class="input"    type="text"
value="Type Your Email Here"  onblur="if(this.value=='') this.value='Type Your Email
Here'" onFocus="if(this.value =='Type Your Email Here' ) this.value=''" >
                                </div>
                                <a href="#" class="button" onClick="document.
getElementById('newsletter').submit()">Subscribe</a>
                            </div>
                        </form>
                    </section>
                </div>
            </article>
<!-- content 部分结束 -->
        </div>
    </div>
            <div class="main">
<!-- footer -->
                <footer>
                    Design by TestCompany<br>
                    CopyRight@2012
                </footer>
<!-- footer 部分结束 -->
            </div>
</body>
</html>
```

5. 联系我们页面设计（Contacts.html）

```html
<!DOCTYPE html>
<html lang="en">
<head>
<title>Contacts</title>
<meta charset="utf-8">
</head>
<body id="page5">
    <div class="body1">
        <div class="main">
<!-- header 部分 -->
            <header>
                <div class="wrapper">
                    <h1><a href="index.html" id="logo">Progress Business Company</a>
</h1>
                    <nav>
                        <ul id="menu">
                            <li id="nav1"><a href="index.html">Home<span>Welcome!
</span></a></li>
                            <li id="nav2"><a href="News.html">News<span>Fresh </span>
</a></li>
                            <li id="nav3"><a href="Services.html">Services<span>
for you</span></a></li>
                            <li id="nav4"><a href="Products.html">Products<span>
The best</span></a></li>
                            <li id="nav5" class="active"><a href="Contacts.html">
Contacts<span>Our Address</span></a></li>
                        </ul>
                    </nav>
                </div>
            </header><div class="ic">More Website Templates   at TemplateMonster.
```

```html
com!</div>
        <!-- header 部分结束-->
            </div>
        </div>
        <div class="body3">
            <div class="main">
    <!-- content 部分 -->
                <article id="content">
                    <div class="wrapper">
                        <section class="col1">
                            <h2 class="under">Contact form</h2>
                            <form id="ContactForm" method="post">
                            <div>
                                <div class="wrapper">
                                    <span>Your Name:</span>
                                    <input type="text" class="input" >
                                </div>
                                <div class="wrapper">
                                    <span>Your City:</span>
                                    <input type="text" class="input" >
                                </div>
                                <div class="wrapper">
                                    <span>Your E-mail:</span>
                                    <input type="text" class="input" >
                                </div>
                                <div class="textarea_box">
                                    <span>Your Message:</span>
                                    <textarea name="textarea" cols="1" rows="1"></textarea>
                                </div>
                                <a href="#" onClick="document.getElementById('ContactForm').submit()">Send</a>
                                <a href="#" onClick="document.getElementById('ContactForm').reset()">Clear</a>
                            </div>
                            </form>
                        </section>
                        <section class="col2 pad_left1">
                            <h2 class="under">Contacts</h2>
                            <div id="address"><span>Country:<br>
                                City:<br>
                                Telephone:<br>
                                Email:</span>
                                USA<br>
                                NewYork<br>
                                000-00-00<br>
                                <a href="mailto:" class="color2">elenwhite@mail.com</a></div>
                            <h2 class="under">Miscellaneous</h2>
                            <p>At vero eos et accusamus et iusto odio dignissimos ducimus qui blanditiis praesentium volupta- tum deleniti atque corrupti quos dolores et quas molestias excep- turi sint occaecati cupiditate non provident, similique sunt in culpa qui officia deserunt mollitia animi, id est laborum.</p>
                        </section>
                    </div>
```

```html
                </article>
            </div>
        </div>
        <div class="body4">
            <div class="main">
                <article id="content2">
                    <div class="wrapper">
                        <section class="col3">
                            <h4>Why Us?</h4>
                            <ul class="list1">
                                <li><a href="#">Reason 1</a></li>
                                <li><a href="#">Reason 2</a></li>
                                <li><a href="#">Reason 3</a></li>
                                <li><a href="#">Reason 4</a></li>
                            </ul>
                        </section>
                        <section class="col3 pad_left2">
                            <h4>Address</h4>
                            <ul class="address">
                                <li><span>Country:</span>USA</li>
                                <li><span>City:</span>New York</li>
                                <li><span>Phone:</span>000-00-00</li>
                                <li><span>Email:</span><a href="mailto:">test@mail.com</a></li>
                            </ul>
                        </section>
                        <section class="col3 pad_left2">
                            <h4>Follow Us</h4>
                            <ul id="icons">
                                <li><a href="#"><img src="images/icon1.jpg" alt="">Facebook</a></li>
                                <li><a href="#"><img src="images/icon2.jpg" alt="">Twitter</a></li>
                                <li><a href="#"><img src="images/icon3.jpg" alt="">LinkedIn</a></li>
                                <li><a href="#"><img src="images/icon4.jpg" alt="">Delicious</a></li>
                            </ul>
                        </section>
                        <section class="col2 right">
                            <h4>Newsletter</h4>
                            <form id="newsletter" method="post">
                                <div>
                                    <div class="wrapper">
                                        <input class="input" type="text" value="Type Your Email Here"  onblur="if(this.value=='') this.value='Type Your Email Here'" onFocus="if(this.value =='Type Your Email Here' ) this.value=''" >
                                    </div>
                                    <a href="#" class="button" onClick="document.getElementById('newsletter').submit()">Subscribe</a>
                                </div>
                            </form>
                        </section>
                    </div>
                </article>
    <!-- content 部分结束 -->
```

```html
            </div>
        </div>
            <div class="main">
<!-- footer 部分 -->
            <footer>
                Design by TestCompany<br>CopyRight@2012
            </footer>
<!-- footer 部分结束 -->
            </div>
</body>
</html>
```

6. 各页面样式设计

样式表主要分三个文件：页面布局文件（layout.css）、HTML 默认样式重置文件（reset.css）以及当前页面应用样式文件（style.css）。这三个样式表分别设计如下。

（1）layout.css，该样式表主要用于设计页面布局比例信息。

```css
.col1, .col2, .col3, .cols { float:left;}
.cols{ width:190px;}
.col1{ width:670px;}
.col3{ width:200px;}
.col2{ width:220px;}
#page3 .cols{ width:270px;}
#page3 #content{ padding-top:4px}
#page3 figure{ padding-top:5px;}
#page4 .cols{ width:270px;}
#page4 h3{ line-height:2.1em; margin-bottom:1px;}
#page4 figure{ padding-bottom:19px;}
#page4 .pad_bot2{ padding-bottom:48px;}
#page4 #content { padding-bottom:57px;}
#page5 #content{ padding-top:4px}
```

（2）reset.css，该文件主要用于重新设置 HTML 默认元素的样式。

```css
a, abbr, acronym, address, applet, article, aside, audio,b, blockquote, big,
body,center, canvas, caption, cite, code, command,datalist, dd, del, details, dfn, dl,
div, dt, em, embed,fieldset, figcaption, figure, font, footer, form, h1, h2, h3, h4,
h5, h6, header, hgroup, html,i, iframe, img, ins,kbd, keygen,label, legend,
li,meter,nav,object, ol, output,p, pre, progress,q, s, samp, section, small, span,
source, strike, strong, sub, sup,table, tbody, tfoot, thead, th, tr, tdvideo, tt,u,
ul,var
{background: transparent;border: 0 none;font-size: 100%;margin: 0;padding:
0;border: 0;outline: 0;vertical-align: top; }
ol, ul {list-style: none;}
blockquote, q {quotes: none;}
table, table td { padding:0;border:none;border-collapse:collapse;}
img {vertical-align:top; }
embed { vertical-align:top;}
* { border:none}
```

（3）style.css，该文件主要用于设置本网站中相关样式信息。

```css
article, aside, audio, canvas, command, datalist, details, embed, figcaption,
figure, footer, header, hgroup, keygen, meter, nav, output, progress, section, source,
video{display:block}
mark, rp, rt, ruby, summary, time{display:inline }
.left {float:left}
.right {float:right}
.wrapper {width:100%;overflow:hidden}
```

```css
body{background:#000;border:0;font:14px "Trebuchet MS", Arial, Helvetica, sans-serif;color:#696969;line-height:22px;font-style:italic}
.ic, .ic a {border:0;float:right;background:#fff;color:#f00;width:50%;line-height:10px;font-size:10px;margin:-220% 0 0 0;overflow:hidden;padding:0}
.css3{border-radius:8px;-moz-border-radius:8px;-webkit-border-radius:8px;box-shadow:0 0 4px rgba(0, 0, 0, .4);-moz-box-shadow:0 0 4px rgba(0, 0, 0, .4);-webkit-box-shadow:0 0 4px rgba(0, 0, 0, .4);position:relative}
.body1{background:url(../images/bg.jpg) bottom center repeat}
.body2{background:url(../images/bg_top2.gif) bottom repeat-x}
.body3{background:#fff}
.body4{background:url(../images/bg.jpg) top center repeat}
.body5{background:url(../images/bg_top_img.jpg) center bottom no-repeat}

.main {margin:0 auto;width:940px}
a{color:#696969;text-decoration:underline;outline:none}
a:hover{text-decoration:none}
h1{float:left}
h2{font-size:40px;font-style:normal;font-weight:400;line-height:1.2em;padding:38px 0 11px 0;color:#000;letter-spacing:-1px}
h2.under{border-bottom:1px solid #e5e5e5;margin-bottom:25px}
h3{font-size:26px;color:#000;line-height:1.2em;letter-spacing:-0px;padding-bottom:16px;font-weight:400;font-style:normal}
h3 span{display:block;margin-top:-7px}
* + html h3 span{margin-top:-25px}
h3 .dropcap{float:left;width:56px;height:56px;margin-top:0px;margin-right:10px;background:url(../images/dropcap1.gif) 0 0 no-repeat;font-size:38px;color:#fff;text-align:center;font-weight:700;line-height:1.2em;padding-top:6px}
h4{font-size:26px;line-height:1.2em;color:#fff;font-weight:400;padding:43px 0 15px 0}
h5{font-size:33px;color:#000;line-height:1.7em;padding:0 0 16px 0;font-weight:400;font-style:normal}
h5 .dropcap{float:left;width:56px;height:56px;margin-top:0px;margin-right:10px;background:url(../images/dropcap1.gif) 0 0 no-repeat;color:#fff;text-align:center}
h5 .dropcap strong{font-weight:700;font-size:34px;line-height:1.2em;display:block;padding-top:3px;letter-spacing:-2px}
h5 .dropcap span{font-weight:400;font-size:14px;line-height:1.2em;display:block;margin-top:-8px}
h6{font-size:20px;line-height:1.2em;color:#000;padding:0 0 5px 0;font-style:normal;font-weight:400}
p{padding-bottom:22px}

header{padding-top:34px;height:148px}
#logo{display:block;background:url(../images/logo.png) 0 0 no-repeat;width:288px;height:94px;text-indent:-9999px}
#menu {float:right;padding-top:15px}
#menu li {float:left;padding-left:51px}
#menu li a{display:block;font:20px "Trebuchet MS", Arial, Helvetica, sans-serif;line-height:1.2em;color:#bbb;text-transform:uppercase;text-decoration:none;text-align:center;letter-spacing:-1px;height:79px;font-style:normal;font-weight:700}
#menu li a span{font-size:13px;line-height:1.2em;color:#666666;display:block;letter-spacing:-1px;margin-top:-3px;font-weight:normal}
#menu li a:hover, #menu .active a{color:#497e04}
#menu li a:hover span, #menu .active a span{color:#fff}
```

```
    #menu #nav1 a{background:url(../images/menu_icon1.gif) bottom center no-repeat}
    #menu #nav1 a:hover, #menu #nav1.active a{background:url(../images/menu_icon1_
active.gif) bottom center no-repeat}
    #menu #nav2 a{background:url(../images/menu_icon2.gif) bottom center no-repeat}
    #menu #nav2 a:hover, #menu #nav2.active a{background:url(../images/menu_icon2_
active.gif) bottom center no-repeat}
    #menu #nav3 a{background:url(../images/menu_icon3.gif) bottom center no-repeat}
    #menu #nav3 a:hover, #menu #nav3.active a{background:url(../images/menu_icon3_
active.gif) bottom center no-repeat}
    #menu #nav4 a{background:url(../images/menu_icon4.gif) bottom center no-repeat}
    #menu #nav4 a:hover, #menu #nav4.active a{background:url(../images/menu_icon4_
active.gif) bottom center no-repeat}
    #menu #nav5 a{background:url(../images/menu_icon5.gif) bottom center no-repeat}
    #menu #nav5 a:hover, #menu #nav5.active a{background:url(../images/menu_icon5_
active.gif) bottom center no-repeat}

    #content{padding-top:50px;padding-bottom:36px}
    #content2{padding-bottom:50px}
    .pad_left1{padding-left:50px}
    .pad_left2{padding-left:40px}
    .pad_bot1{padding-bottom:8px}
    .pad_bot2{padding-bottom:40px}
    .marg_right1{margin-right:20px}
    .link1{color:#60b000;font-style:normal}
    .testimonials{width:100%;position:relative;z-index:1;height:210px;overflow:hid
den}
    #testimonials div{background:url(../images/bg_testimonials.gif) 0 bottom
no-repeat #f5f5f5;padding:25px 27px 53px 29px}
    #testimonials span{display:block;padding:0 0 0 11px;font-style:normal}
    .testimonials li{height:210px}
    .up, .down{position:absolute;z-index:2;bottom:8px;right:0;width:32px;height:32
px;display:block}
    .up{right:33px;background:url(../images/marker_up.gif) 0 0 no-repeat}
    .down{background:url(../images/marker_down.gif) 0 0 no-repeat}
    .up:hover, .down:hover{background-position:bottom}
    .color1{color:#000}
    .color2{color:#60b000}
    .list1{background:url(../images/line_hor1.png) 10px 0 no-repeat;padding-top:
1px}
    .list1 li{background:url(../images/line_hor1.png) 10px bottom no-repeat;line-
height:29px}
    .list1 a{color:#696969;text-decoration:none;font-style:normal;padding-left:14px;
background:url(../images/marker_1.gif) 0 6px no-repeat}
    .list1 a:hover{color:#fff}
    .address{background:url(../images/line_hor1.png) 0px 0 no-repeat;padding-top:
1px}
    .address li{background:url(../images/line_hor1.png) 0px bottom no-repeat;
line-height:29px;font-style:normal}
    .address span{padding-left:4px;float:left;width:62px}
    .address a{color:#fff}
    #icons{background:url(../images/line_hor1.png) 23px 0 no-repeat;padding-
top:1px}
    #icons li{background:url(../images/line_hor1.png) 23px bottom no-repeat; line-
height:29px}
    #icons a{color:#696969;text-decoration:none; font-style:normal;display: inline-
block}
    #icons img{float:left;margin-right:9px;margin-top:5px}
```

```
#icons a:hover{color:#fff}

.tabs {}
.tabs ul.nav {float:left;padding-left:372px;padding-bottom:24px}
.tabs ul.nav li{padding-right:1px;float:left}
.tabs  ul.nav  li  a{display:block;position:relative;width:32px;height:32px;
font-size:19px;color:#fff;line-height:32px;background:#60b000;text-decoration:none
;text-align:center}
.tabs ul.nav .selected a, .tabs ul.nav  a:hover{background:#696969}
.tabs .tab-content {display:none}

#address span{float:left;width:80px}

footer {padding:34px 0 38px 0;font-style:normal;color:#696969;text-align:center}
footer a{color:#fff}
footer a:hover{}

#ContactForm {margin-top:-4px}
#ContactForm span{width:109px;float:left;line-height:26px}
#ContactForm .wrapper{min-height:30px}
#ContactForm .textarea_box{min-height:275px;width:100%;overflow:hidden;padding
-bottom:6px}
#ContactForm {}
#ContactForm {}
#ContactForm a{margin-left:10px;float:right;width:62px;font-style:normal;font-
weight:bold;color:#fff;height:32px;line-height:32px;text-decoration:none;backgroun
d:#60b000;text-align:center}
#ContactForm a:hover{background:#080808}
#ContactForm   .input   {width:269px;height:18px;border:1px  solid  #e5e5e5;
background:#fff;padding:3px  5px;color:#696968;font:14px  "Trebuchet  MS",  Arial,
Helvetica, sans-serif;font-style:italic;margin:0}
#ContactForm textarea {overflow:auto;width:549px;height:258px;border:1px solid
#e5e5e5;background:#fff;padding:3px  5px;color:#696968;font:14px  "Trebuchet  MS",
Arial, Helvetica, sans-serif;font-style:italic;margin:0}
#newsletter{}
#newsletter .input{background:#fff;padding:6px  18px;width:184px;height:18px;
font:14px  "Trebuchet  MS",  Arial,  Helvetica,  sans-serif;font-style:inherit;
color:#b4b4b4;
margin:0}
#newsletter .input:focus{color:#696969}
#newsletter .wrapper{min-height:40px}
#newsletter a{float:right;width:90px;height:32px;background:#fff;line-height:32px;color:#000;f
ont-weight:bold;text-align:center;font-style:normal;text-decoration:none}
#newsletter a:hover{background:#60b000;color:#fff}
```

14.2.4 网站效果

在各个页面中分别引用设置好的样式后，在浏览器中打开 Index.html 页面进入网站首页，效果如图 14-4 所示。

当单击网站导航栏的"NEWS"链接进入网站新闻界面，效果如图 14-5 所示。
当单击网站导航栏的"SERVICES"链接进入企业服务界面，效果如图 14-6 所示。
当单击网站导航栏的"PRODUCTS"链接进入企业产品界面，效果如图 14-7 所示。
当单击网站导航栏的"CONTACTS"链接进入"联系我们"界面，效果如图 14-8 所示。

图 14-4 网站首页

图 14-5 企业新闻页面

图 14-6　企业服务页面

图 14-7　企业产品页面

图 14-8 "联系我们"页面

第 15 章 移动应用前端开发

App 前端开发，使用的技术也是 html+css+js，移动端的 Web 网页使用的是响应式设计，是移动端的单页面布局。单页面就是一切操作和布局都是在一个页面下进行，不需要页面跳转，本章给出移动应用开发的一个前端 HTML5 的示例。

15.1 引导页的设计

通常引导页分为 LOGO、标语、产品的宣传图片，引导用户了解产品，突出主题。本例中给出的作者参与的真实项目——卓阅不动产 App。图 15-1 所示为引导页设计界面效果图。

图 15-1 引导页效果图

以下为核心示例代码：

```
<!DOCTYPE html>
<html lang="zh-CN">
<head>
<meta charset="utf-8">
```

```html
<!--自适应屏幕代码 始终是1:1显示-->
    <meta name="viewport" content="width=device-width,initial-scale=1,user-scalable=no" />
<title>引导页</title>
<!--引入常规样式-->
    <link href="static/css/bootstrap.min.css" rel="stylesheet">
    <link href="static/css/swiper.min.css" rel="stylesheet" type="text/css">
    <script src="static/js/jquery-1.9.1.min.js"></script>
    <script src="static/js/bootstrap.min.js"></script>
    <script src="static/js/swiper.min.js"></script>
<style>
<!--设置页面背景样式-->
    .wxh_guide_bgimg{ height:568px; background:url(static/img/wxch_guidbgimg.png) no-repeat center center;
    background-size:100% 568px;}
    <!--设置LOGO样式-->
    .wxh_guide_logo{ margin:105px auto 110px auto;}
    .wxh_guide_logo img{ width:212px; height:43.5px;}
    <!--设置标语样式-->
    .wxh_guide_font img{ width:174px; height:20px;}
.wxh_bggreycolor{ background-color:#e1e1e1;}
    </style>
</head>
<!--背景图-->
<body class="wxh_bggreycolor wxh_guide_bgimg">
<section>
<!--内容部分-->
<div class="container">
    <div class="row">
        <div class="col-xs-12 wxh_guide_logo text-center">
            <img src="static/img/wxh_guide_logo.png"/>
        </div>
        <div class="col-xs-12 wxh_guide_font text-center">
            <img src="static/img/wxh_guide_font.png"/>
        </div>
    </div>
</div>
</section>
</body>
</html>
```

15.2 登录页的设计

系统登录页要求用户输入用户名及密码。在登录页面上同时显示当用户忘记密码时的链接地址，图 15-2 所示为系统登录页面效果图。

状态栏高度：43.5px；（标准为 40～50px）

文字样式及大小：17px #fff 默认字体（标准为 24px、26px、28px、30px、32px、34px、36px，最小字号为 20px。中文用苹方黑，英文用 San Francisco）

图标：18px（设计标准为 24px、32px、48px 等，一般为 4 的倍数）

按钮高度：44px（设计标准为 40～60px）
背景图：水平方向平铺，高度固定

图 15-2　系统登录页面效果图

如下所示为示例代码：

```
<!DOCTYPE html>
<html lang="zh-CN">
<head>
<meta charset="utf-8">
<!--自适应屏幕代码 始终是1:1显示-->
    <meta    name="viewport"    content="width=device-width,initial-scale=1,user-scalable=no" />
<title>登录</title>
<!--引入常规样式-->
    <link href="static/css/bootstrap.min.css" rel="stylesheet">
    <link href="static/css/swiper.min.css" rel="stylesheet" type="text/css">
    <link href="static/css/main.css" rel="stylesheet" type="text/css">
    <link href="static/css/common.css" rel="stylesheet" type="text/css">
    <script src="static/js/jquery-1.9.1.min.js"></script>
    <script src="static/js/bootstrap.min.js"></script>
    <script src="static/js/swiper.min.js"></script>
<style>
<!--设置页面背景样式-->
input{-webkit-appearance:none; appearance:none; box-shadow:none!important;}
.white_color{background-color:#fff;}
<!--设置状态栏样式-->
.yy_header{padding-right:10px;}
```

```html
        <!--设置编辑部分样式-->
        .yy_list_box{margin-top:68px; border-bottom:1px solid #bfbfbf; border-top:1px solid #bfbfbf;}
        .yy_list_box .input-group{ padding-left:4%; width:100%; height:41px; border-bottom:1px solid #bfbfbf; overflow:hidden;}
        .yy_list_box .col-xs-12 .input-group:nth-child(1){background:url(static/img/tel.png) no-repeat left center; background-size:32px 32px;}
        .yy_list_box .col-xs-12 .input-group:nth-child(2){background:url(static/img/Safety.png) no-repeat left center; background-size:32px 32px;}
        .yy_noborder{border:none !important;}
        .yy_list_box .input-group input{height:41px; border:none; background-color:#fff; margin-left:5%; color:#999; font-size:12px;}
        .yy_forget{line-height:40px; padding:0; font-size:12px;}
        .yy_forget a,.yy_forget a:active,.yy_forget a:focus,.yy_forget a:hover{color:#999; padding:0;}
        <!--设置按钮样式-->
        .yy_btn{height:44px; border-radius:1.5px; background-color:#ffc501; line-height:44px; color:#000; margin-top:40px;}
        .yy_red{background-color:#c7000b; color:#fff;}
        .yy_red:active,.yy_red:focus,.yy_red:hover{color:#fff !important;}
         .yy_bottom{width:100%; height:100px; position:fixed; bottom:0; left:0; background:url(static/img/bottom.png) no-repeat center; background-size:100% 100px;}
        </style>
    </head>
    <body class="white_color">
    <!--头部-->
    <header>
    <div class="container">
        <div class="row">
            <div class="col-xs-2"><a href="javascript:history.go(-1)" class="text-left"><span class="glyphicon glyphicon-menu-left"></span></a></div>
            <div class="col-xs-8 text-center">登录</div>
            <div class="col-xs-2"><a href="#" class="text-right yy_header">注册</a></div>
        </div>
    </div>
    </header>
    <!--主体部分-->
    <section>
    <div class="container">
        <div class="row yy_list_box">
            <div class="col-xs-12">
                <div class="input-group">
                    <input type="text" class="form-control" name="smsy" class="inp_key" onBlur="if(this.value == '')this.value=' 请输入手机号码 ';" onclick="if(this.value == '请输入手机号码')this.value='';" placeholder="请输入手机号码" aria-describedby="basic-addon2" maxlength="11">
                </div>
                <div class="input-group yy_noborder">
                    <input type="text" class="form-control" name="smsy" class="inp_key" onBlur="if(this.value == '')this.value=' 请输入密码 ';" onclick="if(this.value == ' 请输入密码 ')this.value='';" placeholder="请输入密码" aria-describedby="basic-addon2" maxlength="11">
                </div>
            </div>
```

```
                </div>
                <div class="col-xs-12 text-right yy_forget"><a class="col-xs-12" href="#">忘记密码</a></div>
        <!--登录按钮-->
                <a class="col-xs-12 yy_btn text-center yy_red">登录</a>
            </div>
        </div>
    </section>
    <!--底部背景-->
    <div class="yy_bottom"></div>
</body>
</html>
```

15.3 注册页的设计

注册页提供用户注册信息，包括手机号、密码及注册时的防攻击验证码，图 15-3 所示为注册页面效果图。

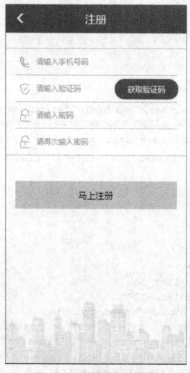

图 15-3 注册页面效果图

状态栏高度：43.5px；（标准为 40~50px）

文字：17px #fff 默认字体（标准为 24px、26px、28px、30px、32px、34px、36px，最小字号为 20px。中文用苹方黑，英文用 San Francisco）

图标：18px（标准为 24px、32px、48px 等，一般为 4 的倍数）

按钮高度：44px（标准为 40～60px）

背景图:水平方向平铺,高度固定

示例代码,如下所示:

```html
<!DOCTYPE html>
<html lang="zh-CN">
<head>
<meta charset="utf-8">
<!--自适应屏幕代码 始终是1:1显示-->
    <meta name="viewport" content="width=device-width,initial-scale=1,user-scalable=no" />
<title>注册</title>
<!--引入常规样式-->
    <link href="static/css/bootstrap.min.css" rel="stylesheet">
    <link href="static/css/swiper.min.css" rel="stylesheet" type="text/css">
    <link href="static/css/main.css" rel="stylesheet" type="text/css">
    <link href="static/css/common.css" rel="stylesheet" type="text/css">
    <script src="static/js/jquery-1.9.1.min.js"></script>
    <script src="static/js/bootstrap.min.js"></script>
    <script src="static/js/swiper.min.js"></script>
<style>
<!--设置编辑框默认样式-->
input{-webkit-appearance:none; appearance:none; box-shadow:none!important;}
<!--设置背景样式-->
.white_color{background-color:#fff;}
<!--设置编辑区样式-->
.yy_list_box{margin-top:68px; border-bottom:1px solid #bfbfbf; border-top:1px solid #bfbfbf; position:relative;}
<!--设置每个编辑部分样式-->
.yy_list_box .input-group{ padding-left:4%; width:100%; height:41px; border-bottom:1px solid #bfbfbf; overflow:hidden;}
.yy_list_box .col-xs-12 .input-group:nth-child(1){background:url(static/img/tel.png) no-repeat left center; background-size:32px 32px;}
.yy_list_box .col-xs-12 .input-group:nth-child(2){background:url(static/img/Safety.png) no-repeat left center; background-size:32px 32px;}
.yy_list_box .col-xs-12 .input-group:nth-child(3){background:url(static/img/password.png) no-repeat left center; background-size:32px 32px;}
.yy_list_box .col-xs-12 .input-group:nth-child(4){background:url(static/img/password.png) no-repeat left center; background-size:32px 32px; border-bottom:none;}
.yy_list_box .input-group input{height:41px; border:none; background-color:#fff; margin-left:5%; color:#999; font-size:12px;}
<!--设置获取验证码样式-->
.yy_btn{height:44px; border-radius:1.5px; background-color:#ffc501; line-height:44px;color:#000; margin-top:40px;}
.yy_btn:active,.yy_btn:focus,.yy_btn:hover{color:#000;}
<!--设置验证码样式-->
.yy_codes{ display:block; width:102.5px; height:32px; background-color: #c7000b; color:#fff; line-height:32px; font-size:12px; overflow:hidden; border-radius:15px; position:absolute; top:47px; right:13px; z-index:100;}
.yy_codes:active,.yy_codes:focus,.yy_codes:hover{color:#fff;}

<!--设置底部样式-->
.yy_bottom{width:100%; height:100px; position:fixed; bottom:0; left:0; background:url(static/img/bottom.png) no-repeat center; background-size:100% 100px;}
    </style>
</head>
```

```html
<!--整体背景-->
<body class="white_color">
<!--头部-->
<header>
<div class="container">
    <div class="row">
        <div class="col-xs-2"><a href="javascript:history.go(-1)"class="text-left"><span class="glyphicon glyphicon-menu-left"></span></a></div>
        <div class="col-xs-8 text-center">注册</div>
    </div>
</div>
</header>
<!--主体部分-->
<section>
<div class="container">
    <div class="row yy_list_box">
        <div class="col-xs-12">
            <div class="input-group">
                <input type="text" class="form-control" name="smsy" class="inp_key" onBlur="if(this.value == '')this.value=' 请输入手机号码 ';" onclick="if(this.value == '请输入手机号码')this.value='';" placeholder="请输入手机号码" aria-describedby="" maxlength="11">
            </div>
            <div class="input-group">
                <input type="text" class="form-control" name="smsy" class="inp_key" onBlur="if(this.value == '')this.value=' 请输入验证码 ';" onclick="if(this.value == '请输入验证码')this.value='';" placeholder="请输入验证码" aria-describedby="" maxlength="">
            </div>
            <div class="input-group">
                <input type="text" class="form-control" name="smsy" class="inp_key" onBlur="if(this.value == '')this.value=' 请输入密码 ';" onclick="if(this.value == '请输入密码')this.value='';" placeholder="请输入密码" aria-describedby="" maxlength="8">
            </div>
            <div class="input-group">
                <input type="text" class="form-control" name="smsy" class="inp_key" onBlur="if(this.value == '')this.value=' 请再次输入密码 ';" onclick="if(this.value == '请再次输入密码')this.value='';" placeholder="请再次输入密码" aria-describedby="" maxlength="8">
            </div>
        </div>
        <a class="yy_codes text-center">获取验证码</a>
    </div>
    <a class="col-xs-12 yy_btn text-center">马上注册</a>
</div>
</section>
<!--底部-->
<div class="yy_bottom"></div>
</body>
</html>
```

15.4 首页的设计

首页包括搜索功能、快捷入口、标题及列表、滚动图片、底部导航以及 banner 图片，图 15-4 所示为首页设计的效果图。

图 15-4 首页设计的效果图

搜索栏部分：距离左右各 24px（标准为 24px）高度 30px 圆角度 15px 距离顶部 45px Banner 高度 266px

快捷入口图标尺寸 54.5px×54.5px 距离顶部 80px 图标之间间距 15px

滚动图片高度 130px

标题栏高度 96px（通用设计标准为 96px 或者 98px）文字大小 24px（标准为 24px、26px、28px、30px、32px、34px、36px（偶数最好）最小字号 20px。中文用苹方黑，英文用 San Francisco）

列表栏高度 96px，底部导航栏高度 96px（通用设计标准 96px）

示例代码如下：

```
<!DOCTYPE html>
<html lang="zh-CN">
<head>
<meta charset="utf-8"><!--自适应屏幕代码 始终是 1:1 显示-->
```

```html
            <meta    name="viewport"    content="width=device-width,initial-scale=1,user-scalable=no" />
    <title>home</title>
    <!--引入常规样式-->
        <link href="static/css/bootstrap.min.css" rel="stylesheet">
        <link href="static/css/swiper.min.css" rel="stylesheet" type="text/css">
        <link href="static/css/main.css" rel="stylesheet" type="text/css">
        <link href="static/css/common.css" rel="stylesheet" type="text/css">
        <script src="static/js/jquery-1.9.1.min.js"></script>
        <script src="static/js/bootstrap.min.js"></script>
        <script src="static/js/swiper.min.js"></script>
</head>
<!--整体背景-->
<body class="wxh_bggreycolor">
<section>
<!--主体部分-->
<div class="container">
    <div class="row">
        <!----wxh_index_top 开始---->
        <div class="col-xs-12 wxh_index_top">
            <div class="wxh_search wxh_bgwhitecolor">
                <div class="col-xs-3">上 海 <span class="glyphicon glyphicon-menu-down"></span></div>
                <div class="col-xs-9">
                    <a href="#"><span class="glyphicon glyphicon-search"></span></a>
                    <input type="text" placeholder="请输入小区名或者商圈名称"/>
                </div>
            </div>
            <ul><!--快捷入口部分-->
                <li class="col-xs-4">
                    <a href="#">
                        <img src="static/img/wxh_icon0.png"/>
                        <p class="text-center">二手房</p>
                    </a>
                </li>
                <li class="col-xs-4">
                 <a href="#">
                     <img src="static/img/wxh_icon1.png"/>
                     <p class="text-center">新房</p>
                 </a>
                </li>
                <li class="col-xs-4">
                 <a href="#">
                     <img src="static/img/wxh_icon2.png"/>
                     <p class="text-center">成交记录</p>
                 </a>
                </li> </ul>
        </div></div></div>
        <!----wxh_index_top 结束---->
        <div class="container">
<!--标题及列表部分-->
```

```html
                    <div class="row">
                        <div class="wxh_bgwhitecolor wxh_housingprice">
                            <p>最新房价行情</p>
                            <div class="col-xs-6 text-center">
                                <span>最新成交价</span>
                                <div class="text-center">
                                    <span class="wxh_border">5800</span><span>/m<sup>2 </sup></span>
                                </div>
                            </div>
                            <div class="col-xs-6 text-center">
                                <span>最新成交价</span>
                                <div class="text-center">
                                    <span class="wxh_border">9800</span><span>套</span>
                                </div>
                            </div>
                        </div>
    <!--滚动图片部分-->
                        <div class="swiper-container wxh_banner">
                            <div class="swiper-wrapper">
                                <div class="swiper-slide"><a href="#"><img src="static/img/wxh_ indexbaner.jpg"/></a></div>
                                <div class="swiper-slide"><a href="#"><img src="static/img/wxh_ indexbaner.jpg"/></a></div>
                            </div>
                            <div class="swiper-pagination"></div>
                        </div>
                </div>
            </div>
    </section>
    <!--底部导航栏 tab_bar-->
    <footer class="wxh_productdetails_footer navbar-fixed-bottom">
    <div class="wxh_index_footer">
                    <ul class="nav nav-tabs nav-tabs-justified">
                        <!--图片带 active 的是当前页的图片-->
                        <li class="activeli col-xs-4">
                            <a href="#">
                                <img src="static/img/wxh_footer0.png" />
                                <p>首页</p>
                            </a>
                        </li>
                        <li class="col-xs-4">
                            <a href="#">
                                <img src="static/img/wxh_footer1.png"/>
                                <p>最新房源</p>
                            </a>
                        </li>
                        <li class="col-xs-4">
                            <a href="#">
                                <img src="static/img/wxh_footer2.png" />
                                <p>我的</p>
                            </a>
                        </li>
```

```
                    </ul>  </div>
        </footer>
        <!--滚动图片部分引入JS特效-->
        <script>
             var swiper = new Swiper('.swiper-container', {
                 pagination: '.swiper-pagination',
                 autoplay:3000
             });
        </script>
    </body>
</html>
<!--CSS样式部分-->/*公共样式*/
.wxh_bggreycolor{ background-color:#e1e1e1;}
.wxh_bgwhitecolor{ background-color:#fff;}
.wxh_333color{ color:#333;}
.wxh_whitecolor{ color:#fff;}
.wxh_font12{ font-size:12px;}
.wxh_fontoverflow{overflow:hidden; text-overflow:ellipsis; white-space:nowrap;}
.wxh_999color{ color:#999;}
li{ list-style:none;}
a{ text-decoration:none !important;}
/*首页*//*头部*/
.wxh_index_top{ height:266px;background:url(../img/home_bgimg.jpg) no-repeatcenter center; background-size:100% 266px;}
/*搜索*/
.wxh_search{ height:30px; padding:5px 0 8px 0; border-radius:15px; margin-top:45px;}
.wxh_search .col-xs-9{height:15px; border-left:1px solid #e5e5e5;}
.wxh_index_top .col-xs-9 input{height:20px; line-height:20px; width:85%; border:none;}
.wxh_index_top .col-xs-9 span{ color:#c7000b;}
/*快捷入口*/
.wxh_index_top ul{ padding:0; margin-top:80px;}
.wxh_index_top ul img{ width:54.5px; height:54.5px;}
.wxh_index_top ul li a{ display:block; color:#fff; text-align:center;}
/*标题及列表*/
.wxh_housingprice{ margin:5px 0; border-bottom:1px solid #c9c9c9; border-top:1px solid #c9c9c9; overflow:hidden;}
.wxh_housingprice p{ height:20px; margin:5px 0;line-height:20px; border-left:2px solid #c7000b; padding-left:15px; border-bottom:1px solid #ededed;padding- bottom: 22px;}
/*滚动图片*/
.wxh_banner{ margin-bottom:5px;}
.wxh_banner img{ width:100%;}
.wxh_banner .swiper-pagination{ text-align:right;padding-right:15px;}
.wxh_banner .swiper-pagination-bullet{ background-color:#fff; border:none;}
.wxh_banner .swiper-pagination-bullet-active{ background-color:#c10e1a;}
/*底部导航*/
.wxh_housingprice .col-xs-6 div{ position:relative; width:126px; line-height: 65px; margin:8px auto;}
.wxh_housingprice .col-xs-6:first-child div{ border-right:1px solid #f00;}
.wxh_housingprice .col-xs-6>span{ display:inline-block;}
.wxh_housingprice .col-xs-6 div span{ display:inline-block; }
.wxh_housingprice .col-xs-6 div .wxh_border{ font-size:18px; font-weight: bold; width:65px;height:65px; border:1px solid #dcdcdc; border- radius:100px;color: #c7000b;}
```

```
.wxh_housingprice .col-xs-6 div span:last-child{ position:absolute; bottom:0;
line-height:20px;}
```

15.5 我的页面设计

我的页面作为个人信息及应用功能入口,包括头像及用户名、功能列表、背景图,图 15-5 所示为我的页面设计的效果图。

图 15-5 我的页面设计的效果图

个人信息栏高度 188px 内容居中显示 头像距顶部 40px 账号距头像 10px

功能栏高度 43px 文字大小 24px(标准为 24px、26px、28px、30px、32px、34px、36px,最小字号为 20px。中文用苹方黑,英文用 San Francisco)

图标:24px(通用设计标准为 24px、32px、48px 等,一般为 4 的倍数)

左右间距 24px(通用设计标准为 24px)

图标与文字间距 24px(通用设计标准为 24px)

功能列表模块之间的间距 20px(通用标准为 20px)

代码如下所示:

```
<!DOCTYPE html>
<html lang="zh-CN">
<head>
<meta charset="utf-8">

<!--自适应屏幕代码 始终是 1:1 显示-->
```

```html
        <meta name="viewport" content="width=device-width,initial-scale=1,user-scalable=no" />
    <title>我的</title>

    <!--引入常规样式-->
        <link href="static/css/bootstrap.min.css" rel="stylesheet">
        <link href="static/css/swiper.min.css" rel="stylesheet" type="text/css">
        <link href="static/css/main.css" rel="stylesheet" type="text/css">
        <link href="static/css/common.css" rel="stylesheet" type="text/css">
        <script src="static/js/jquery-1.9.1.min.js"></script>
        <script src="static/js/bootstrap.min.js"></script>
        <script src="static/js/swiper.min.js"></script>
    <style>

    <!--整体背景-->
    .gray_color{background-color:#efeff4;}
    <!--头像部分-->
    .yy_mine .yy_top{width:100%; padding:0; height:188px;background:url(static/ img/yy_mine.png) no-repeat bottom; background-size:100% 65px;background- color: #c7000b; }
    .yy_mine .yy_top .yy_head{ margin:0 auto; width:63px; height:63px; border-radius: 100%; overflow:hidden; border:2px solid #e38085; margin-top:40px;}
    .yy_mine .yy_top .yy_head img{width:100%; height:100%;}
    .yy_mine .yy_top .yy_name{font-size:14px; font-style:italic; color:#fff; margin: 10px;}

    <!--功能列表部分-->
    .yy_mine .yy_bottom{margin-top:10px; padding:0;}
    .yy_mine .yy_bottom li{padding:0; border-top:1px solid #dcdcdc; background-color: #fff; height:43px;}
    .yy_mine .yy_bottom li a{display:block; padding-left:35px; height:43px; line-height: 43px; color:#393939;}
    .yy_mine .yy_bottom li a .glyphicon{position:absolute; top:14px; right:5px; color: #adadad;}
    .yy_mine .yy_bottom .yy_border_bottom{border-bottom:1px solid #dcdcdc;}
    .yy_mine .yy_bottom .yy_margin{margin-top:10px;}
    .yy_mine .yy_bottom li:nth-child(1) a{background:url(static/img/yy_mine_0.png) no-repeat 10px center; background-size:17px 25px;}
    .yy_mine .yy_bottom li:nth-child(2) a{background:url(static/img/yy_mine_1.png) no-repeat 10px center; background-size:17px 25px;}
    .yy_mine .yy_bottom li:nth-child(3) a{background:url(static/img/yy_mine_2.png) no-repeat 10px center; background-size:17px 25px;}
    .yy_mine .yy_bottom li:nth-child(4) a{background:url(static/img/yy_mine_3.png) no-repeat 10px center; background-size:17px 25px;}
    .yy_mine .yy_bottom li:nth-child(5) a{background:url(static/img/yy_mine_4.png) no-repeat 10px center; background-size:17px 25px;}
    .yy_mine .yy_bottom li:nth-child(6) a{background:url(static/img/yy_mine_5.png) no-repeat 10px center; background-size:17px 25px;}
    </style>
</head>
<!--背景-->
<body class="gray_color">
<section>
<!--头像部分-->
<div class="container">
    <div class="row yy_mine">
        <div class="col-xs-12 yy_top">
```

```html
                <div class="yy_head"><img src="static/img/yy_mine_head.jpg"/>
</div>
                    <h1 class="yy_name text-center">13088888888</h1>
                </div>

    <!--功能列表-->
                <ul class="col-xs-12 yy_bottom">
                 <li class="col-xs-12"><a href="#" class="col-xs-12">我关注的新房
<span class="glyphicon glyphicon-chevron-right text-ight"></span></a></li>
                    <li class="col-xs-12"><a href="#" class="col-xs-12">我关注的二手房
<span class="glyphicon glyphicon-chevron-right text-ight"></span></a></li>
                    <li class="col-xs-12"><a href="#" class="col-xs-12">我关注的小区
<span class="glyphicon glyphicon-chevron-right text-ight"></span></a></li>
                    <li class="col-xs-12 yy_border_bottom"><a href="#" class="col-xs-12">我的看房记录<span class="glyphicon glyphicon-chevron-right text-ight"></span>
</a></li>
                    <li class="col-xs-12 yy_border_bottom yy_margin"><a href="#" class="col-xs-12">购房计算器<span class="glyphicon glyphicon-chevron-right text-ight"></span></a></li>
                    <li class="col-xs-12 yy_border_bottom yy_margin"><a href="#" class="col-xs-12">设置<span class="glyphicon glyphicon-chevron-right text-ight">
</span></a></li>
                </ul>
            </div>
        </div>
    </div>
    </section>
    </body>
</html>
```

15.6 新房源列表页的设计

新房源列表页提供新房资源筛选及展示功能，页面内容包括状态栏、banner 图片、筛选类型栏、列表栏，图 15-6 所示为新房列表页的效果图。

状态栏高度：43.5px（标准为 40~50px）；文字大小 24px（设计的通用标准为 24px、26px、28px、30px、32px、34px、36px，最小字号为 20px。中文用苹方黑，英文用 San Francisco）

Banner 图片高度 150px

功能栏高度 30px 文字大小 20px（标准为 24px、26px、28px、30px、32px、34px、36px，最小字号为 20px。中文用苹方黑，英文用 San Francisco）

图标：24px（标准为 24px、32px、48px 等，一般为 4 的倍数）

左右间距 24px（标准为 24px）

筛选弹出栏按钮样式行高 28px，左右间距 5px，上下间距 10px

列表（含标题图、标题、描述等）高度 98px

标题图高度 85px，距离文字描述 5px

标题字体大小 20px（标准为 20px 或者偶数）

标题文字与描述间距 5px

图 15-6 新房列表页的效果图

标签按钮 padding：5px 15px；

代码如下所示：

```
<!DOCTYPE html>
<html lang="zh-CN">
<head>
<meta charset="utf-8">
<!--自适应屏幕代码 始终是 1：1 显示-->
<meta    name="viewport"    content="width=device-width,initial-scale=1,user-scalable=no" />
<title>新房列表页</title>
<!--引用常规样式-->
<link href="static/css/bootstrap.min.css" rel="stylesheet">
<link href="static/css/swiper.min.css" rel="stylesheet" type="text/css">
<link href="static/css/common.css" rel="stylesheet" type="text/css">
<script src="static/js/jquery-1.9.1.min.js"></script>
<script src="static/js/bootstrap.min.js"></script>
<script src="static/js/swiper.min.js"></script>
<script>
<!--筛选功能 JS 特效-->
    $(document).ready(function(e) {
         //主 tab
```

```javascript
                    $('.yy_tabBarS li').click(function () {
                        var i = $('.yy_tabBarS li').index($(this)[0]);
                        var elm='<div class="c_black"></div>';
                        if($('.c_black').length>0){
                            //$('.c_black').remove();
                        }else{
                            $('.yy_tabS').append(elm);
                        }
                        $('.c_filter').find('ul').css('display','none');
        $(this).parents('.yy_tabS').find('ul').eq(i+1).slideDown();
                        //black
                        $('.c_black').click(function(){
                            $('.c_filter').find('ul').css('display','none');
                            $(this).remove();
                        });
                        //区域tab
                        $('.yy_xl a').click(function () {
                        var i = $('.yy_xl a').index($(this)[0]);
                        var elm='<div class="c_black"></div>';
                        if($('.c_black').length>0){
                            //$('.c_black').remove();
                        }else{
                            $('.yy_xl').append(elm);
                        }
                        $(this).closest('.pull-left').siblings('.zxy-menu').find('div').css('display','none');
                        $(this).parents('.yy_xl').find('.yy_list').eq(i+0).show();
                        //black
                        $('.c_black').click(function(){
                            $('.pull-right').find('div').css('display','none');
                            $(this).remove();
                        })
                        })

                        //分类tab
                        $('.yy_xl1 a').click(function () {
                        var i = $('.yy_xl1 a').index($(this)[0]);
                        var elm='<div class="c_black"></div>';
                        if($('.c_black').length>0){
                            //$('.c_black').remove();
                        }else{
                            $('.yy_xl1').append(elm);
                        }
   $(this).closest('.pull-left').siblings('.zxy-menu1').find('div').css('display','none');
                        $(this).parents('.yy_xl1').find('.yy_list1').eq(i+0).show();
                    });
                });
            });
        </script>
        <style>
<!--背景及通用样式-->
```

```css
.wxh_bggreycolor{ background-color:#e1e1e1;}
.wxh_bgwhitecolor{ background-color:#fff;}
.wxh_333color{ color:#333;}
.wxh_whitecolor{ color:#fff;}
.wxh_font12{ font-size:12px;}
.wxh_fontoverflow{overflow:hidden; text-overflow:ellipsis; white-space:nowrap;}
.wxh_999color{ color:#999;}
.wxh_b9color{ color:#b9b9b9;}
li{ list-style:none;}
a{ text-decoration:none !important;}
```

<!--筛选部分样式-->

```css
.yy_tabS{ position:fixed; width:100%; z-index:5000; margin:0; left:0; top:43.5px; border-bottom:1px solid #dcdcdc;}
.yy_tabBarS li{background-color:#fff; padding:0; z-index:9999; border-bottom:1px solid #eee;}
.yy_tabBarS{ width:100%; height:35px; line-height:35px; padding:0;}
.yy_tabS ul{margin-bottom:0;}
.yy_tabBarS li a{color:#666; padding:0; text-align:center;}
.yy_tabBarS li a:hover{color:#c7000b;}
```

<!--弹出部分样式-->

```css
.c_filter{ width: 100%; height:auto; overflow:hidden; background:#fff;font-size:12px; position:absolute;
z-index:450; top:35px; left:0;}
.c_filter ul{ width: 100%; overflow: hidden; padding:0; margin:0;}
.c_filter p{margin:0;}
.c_filter ul li,.c_filter p a{ border-bottom:1px solid #f5f5f5;line-height:40px;}
.c_filter ul li a{ display:block; padding-left:10px; color:#666;}
.c_filter ul li a:hover,.c_filter ul li a:active{ background: #f2f2f2; text-decoration:none; color:#c91623;}
.c_black{width: 100%;height: 100%;position: fixed;left:0;top:193.5px;z-index:30;background: rgba(0,0,0,.5);}
```

<!--筛选功能选择部分样式-->

```css
.nav-pills > li + li{ margin-left:0;}
.wxh_more li{ border-bottom:1px solid #ebeceb; overflow:hidden;}
.wxh_more li .col-xs-3{ width:22%; margin-right:3%; margin-bottom:10px; border:1px solid #ebeceb; border-radius:5px; text-align:center; padding:0;}
.wxh-menu{ border-left:1px solid #e0e0e0; width:50%;}
.wxh_list{ width:100%;}
.wxh_nav p{ margin-bottom:0;}
.wxh_nav a{ color:#131313; display:block; line-height:28px;}
.wxh_nav a.active{ color:#c7000b;}
```

<!--列表部分样式-->

```css
.wxh_listhouse img{ width:101px; height:85px;}
.wxh_listhouse{ margin-top:0; border-bottom:1px solid #e0e0e0; padding:8px 15px 5px 15px;}
.wxh_font15{ font-size:15px;}
.wxh_listhouse a{ color:#353535;}
.wxh_listhouse p{ margin-bottom:2px; overflow:hidden;}
.wxh_listhouse h4{ margin-bottom:2px;}
.wxh_listhouse{ margin-top:0;}
.wxh_listhouse .media-body div{ clear:both;}
.wxh_key{ color:#2970c0; border:1px solid #2970c0;}
.wxh_metro{ color:#f9be0c;border:1px solid #f9be0c;}
```

```
                .wxh_fullpayment{color:#c4374a;border:1px solid #c4374a;}
                .wxh_redfontcolor{ color:#c7000b;}
                .wxh_font16{font-size:16px;}
                .wxh_more li{ padding:0 15px; border-bottom:1px solid #ebeceb;}
                .wxh_more        a.wxh_surebtn{      background:#349d60;      height:30px;
line-height:30px;  text-align:center;  color:#fff;  width:95%;  margin:10px  auto;
border-radius:5px;}
                .wxh_b9color{ color:#b9b9b9;}
                .wxh_newhouselist img{ width:100%; height:150px;}
                .wxh_newhouse_content{ margin-top:43.5px;}
                .wxh_newhouselist{ position:relative;}
                .wxh_tabs{ position:absolute; top:193.5px;}
                header{ z-index:9999;}
                .wxh_listhouse .media-body .wxh_font12 span{ display:inline-block;
float:left; padding:1px 5px;
                border-radius:5px; margin-right:5px;}
                wxh_key{ color:#2970c0; border:1px solid #2970c0;}
                .wxh_metro{ color:#f9be0c;border:1px solid #f9be0c;}
                .wxh_fullpayment{color:#c4374a;border:1px solid #c4374a;}
                .wxh_redfontcolor{ color:#c7000b;}
                </style>
    </head>
    <!--背景样式-->
    <body class="wxh_bgwhitecolor">
    <header>
    <!--状态栏-->
        <div class="container">
            <div class="row">
                    <div   class="col-xs-2"><a   href="javascript:history.go(-1)"
class="text-left"><span class="glyphicon glyphicon-menu-left"></span></a></div>
                    <div class="col-xs-8 text-center">新房列表页</div>
                    <div class="col-xs-2"><a href="#" class="wxh_searchbtn"><span
class="glyphicon glyphicon-search pull-right"></span></a></div>
                </div>
            </div>
    </header>
    <!--主体部分-->
    <section class="wxh_newhouse_content">
    <div class="container">
    <!--banner-->
    <div class="row">
        <div class="wxh_newhouselist">
            <img src="static/img/wxh_newhouselist.jpg"/>
        </div>
    </div>
    </div>
    <!--筛选部分-->
    <div class="container">
        <div class="row yy_tabS wxh_tabs">
            <ul class="nav nav-pills col-xs-12 margin-z yy_tabBarS poifilter-bar"
id="poifilter-bar">
                <li class="dropdown col-xs-3 margin-z yy_tebLiS">
                <a    class="dropdown-toggle  j-nav-item  nav-item  nav-right-sep"
href="javascript:;" role="button">
```

```html
                            区域 <span class="caret"></span>
                        </a>
                    </li>
                    <li role="presentation yy_tebLiS" class="dropdown col-xs-3 margin-z">
                        <a class="dropdown-toggle j-nav-item nav-item nav-right-sep" href="javascript:;" role="button" >
                            总价 <span class="caret"></span>
                        </a>
                    </li>
                    <li class="dropdown col-xs-3 margin-z yy_tebLiS">
                        <a class="dropdown-toggle j-nav-item nav-item nav-right-sep" href="javascript:;" role="button">
                            房型 <span class="caret"></span>
                        </a>
                    </li>
                    <li class="dropdown col-xs-3 margin-z yy_tebLiS">
                        <a class="dropdown-toggle j-nav-item nav-item nav-right-sep" href="javascript:;" role="button">
                            更多 <span class="caret"></span>
                        </a>
                    </li>
                </ul>
                <!--筛选-->
                <div class="c_filter">
                    <ul style="display:none;" class="wxh_ul">
                        <li class="wxh_xl">
                        <div class="pull-left col-xs-6">
                            <p><a href="#">区域</a></p>
                            <p><a href="#">地铁</a></p>
                        </div>
                        <!--附近筛选-->
                        <div class="pull-left wxh-menu zxy-menu">
                            <div style="display:block;" class="wxh_list yy_list">
                                <p><a href="#">不限</a></p>
                                <p><a href="#">静安</a></p>
                                <p><a href="#">徐汇</a></p>
                                <p><a href="#">黄浦</a></p>
                                <p><a href="#">长宁</a></p>
                                <p><a href="#">普陀</a></p>
                                <p><a href="#">浦东</a></p>
                            </div>
                            <div style="display:none;" class="wxh_list yy_list">
                                <p><a href="#">地铁1号线</a></p>
                                <p><a href="#">地铁2号线</a></p>
                                <p><a href="#">地铁3号线</a></p>
                                <p><a href="#">地铁5号线</a></p>
                                <p><a href="#">地铁10号线</a></p>
                            </div>
                        </div>
```

```html
            </li>
          </ul>
          <ul style="display:none;" class="wxh_ul">
            <li class="wxh_xl1">
              <div class="" style="background-color:#fff;">
                <p><a href="#">不限</span></a></p>
                <p><a href="#">100万以下</span></a></p>
                <p><a href="#">100-150万</span></a></p>
                <p><a href="#">150-200万</span></a></p>
                <p><a href="#">200-250万</span></a></p>
                <p><a href="#">250-300万</span></a></p>
              </div>
            </li>
          </ul>
          <ul style="display:none;" class="wxh_ul wxh_more">
            <li class="wxh_xl1">
              <div style="background-color:#fff;">
                <p><a href="#">不限</span></a></p>
                <p><a href="#">1室</span></a></p>
                <p><a href="#">2室</span></a></p>
                <p><a href="#">3室</span></a></p>
                <p><a href="#">4室</span></a></p>
                <p><a href="#">5室</span></a></p>
              </div>
            </li>
          </ul>
          <ul style="display:none;" class="wxh_ul wxh_more">
            <li class="wxh_xl1">
              <div class="" style="background-color:#fff;">
                <h4 class="col-xs-12">朝向</h4>
                <div>
                  <a href="#" class="col-xs-3">南</a>
                  <a href="#" class="col-xs-3">南北</a>
                  <a href="#" class="col-xs-3">东</a>
                  <a href="#" class="col-xs-3">西</a>
                  <a href="#" class="col-xs-3">北</a>
                </div>
              </div>
            </li>
            <li class="wxh_xl1">
              <div class="col-xs-12" style="background-color:#fff;">
                <h4 class="col-xs-12">朝向</h4>
                <div class="">
                  <a href="#" class="col-xs-3">南</a>
                  <a href="#" class="col-xs-3">南北</a>
                  <a href="#" class="col-xs-3">东</a>
                  <a href="#" class="col-xs-3">西</a>
                  <a href="#" class="col-xs-3">北</a>
```

```html
            </div>
          </div>
        </li>
        <li class="wxh_xl1">
          <a href="#" class="wxh_surebtn">确认</a>
        </li>
      </ul>
    </div>
  </div>
</div>
<!--列表部分-->
<div class="container" style="margin-top:34px;">
<div class="row">
        <div class="media col-xs-12 wxh_listhouse">
            <a class="pull-left" href="#">
                <img class="media-object"src="static/img/wxh_icon5.jpg" alt="房产图片">
            </a>
            <div class="media-body">
                <h4 class="media-heading"><a href="#" class="wxh_font16">万科长阳天地</a></h4>
                <p class="">长阳镇北侧 800 米</p>
                <p class="wxh_b9color"><span>68 - 150m<sup>2</sup> : </span><span class="wxh_redfontcolor pull-right">56000 元/m<sup>2</sup></span></p>
                <div class="wxh_font12"><span class="wxh_key">公园旁</span><span class="wxh_fullpayment">别墅</span></div>
            </div>
        </div>
        <div class="media col-xs-12 wxh_listhouse">
            <a class="pull-left" href="#">
                <img class="media-object"src="static/img/wxh_icon6.jpg" alt="房产图片">
            </a>
            <div class="media-body">
                <h4 class="media-heading"><a href="#"class="wxh_font16">中铁花溪渡</a></h4>
                <p class="">新城白马路北 120 米</p>
                <p class="wxh_b9color"><span>40 - 100m<sup>2</sup>:</span><span class="wxh_redfontcolor pull-right">待定价格</span></p>
                <div class="wxh_font12"><span class="wxh_metro">地铁</span><span class="wxh_key">精装修</span><span class="wxh_fullpayment">商住</span></div>
            </div>
        </div>
        <div class="media col-xs-12 wxh_listhouse">
            <a class="pull-left" href="#">
                <img class="media-object" src="static/img/wxh_icon7.jpg"alt="房产图片">
            </a>
            <div class="media-body">
                <h4 class="media-heading"><a href="#"class="wxh_
```

```
font16">新星宇花园 二居室</a></h4>
                            <p class="">建设街 588 号</p>
                            <p class="wxh_b9color"><span>120 - 180m<sup>2</sup>;
</span><span class="wxh_redfontcolor pull-right">6000 元/m<sup>2</sup></span></p>
                            <div class="wxh_font12"><span class="wxh_key">市中心
</span><span class="wxh_fullpayment">豪华</span></div>
                        </div>
                    </div>
        </div>
    </div>
    </section>
    </body>
    </html>
```

15.7 新房内容页的设计

新房内容页详细介绍产品,包括状态栏、详情、户型介绍、楼盘信息、位置及周边、底部信息栏等,图 15-7 及图 15-8 所示为新房内容页设计的效果图。

图 15-7 新房内容页设计的效果图

图 15-8 新房内容页设计的效果图

代码如下所示：

```
<!DOCTYPE html>
<html lang="zh-CN">
<head>
<meta charset="utf-8">

<!--自适应屏幕代码 始终是1:1显示-->
    <meta    name="viewport"    content="width=device-width,initial-scale=1,user-scalable=no"  />
<title>新房详情页</title>
<!--引入常用样式-->
    <link href="static/css/bootstrap.min.css" rel="stylesheet">
    <link href="static/css/common.css" rel="stylesheet" type="text/css">
    <link href="static/css/swiper.min.css" rel="stylesheet" type="text/css">
    <script src="static/js/jquery-1.9.1.min.js"></script>
    <script src="static/js/bootstrap.min.js"></script>
    <script src="static/js/swiper.min.js"></script>
<style>
<!-背景及通用样式-->
            .wxh_bggreycolor{ background-color:#e1e1e1;}
            .wxh_bgwhitecolor{ background-color:#fff;}
            .wxh_333color{ color:#333;}
            .wxh_whitecolor{ color:#fff;}
            .wxh_font12{ font-size:12px;}
            .wxh_fontoverflow{overflow:hidden; text-overflow:ellipsis;white-space:
```

```
nowrap;}
                .wxh_999color{ color:#999;}
                .wxh_b9color{ color:#b9b9b9;}
                li{ list-style:none;}
                a{ text-decoration:none !important;}
    <!--banner 图-->
            .wxh_secondhand_house_baner img{ width:100%; }
    <!--产品详细数据-->
            .wxh_secondhand_house_details ul{ border:1px solid #e1e1e1; border-right:none; padding:0; overflow:hidden;}
            .wxh_secondhand_house_details ul li{border-right:1px solid #e1e1e1; text-align:center;}
            .wxh_secondhand_house_details ul li p{ margin:4px 0;}
            .wxh_redfontcolor{ color:#c7000b;}
    <!--产品详细介绍-->
            .wxh_speciality{ margin-bottom:5px; clear:both; border:1px solid #e1e1e1;}
            .wxh_speciality>div{ border-bottom:1px solid #e1e1e1; background:#fff; padding:5px 15px; color:#909090;}
            .wxh_speciality>div span{ color:#2a2929;}
    <!--户型介绍-->
            .wxh_divbox{ margin-top:5px; margin-bottom:5px; overflow:auto;}
            .wxh_divbox>div{ background:#fff;}
            .wxh_firstdiv{ padding-left:0; height:30px; overflow:hidden;}
            .wxh_firstdiv .pull-left{border-left:2px solid #c7000b; margin:6px 0; padding-left:15px; color:#393939;}
            .wxh_firstdiv a{ display:block; height:25px; padding-bottom:5px;}
            .wxh_divbox .col-xs-12{ border-bottom:1px solid #e1e1e1;}
            .wxh_firstdiv .glyphicon-menu-right{ color:#adadad; margin-top:8px;}
    <!--楼盘介绍-->
            .wxh_font{ padding:8px 15px; line-height:22px;}
    <!--位置及周边-->
            .wxh_map{ padding:0;}
            .wxh_map img{ width:100%;}

    <!--底部状态栏-->
            .wxh_housedetails_disbottom{ margin-bottom:47px; margin-top:45px;}
            .wxh_productdetails_footer{ background:#f8f8f8;}
            .wxh_productdetails_footer li{ padding:0;}
            .wxh_productdetails_footer li a p{ color:#262626;}
            .wxh_lineheight{ line-height:46px;}
            .wxh_lineheight a{ display:block; height:46px; line-height:46px;}
            .wxh_lineheight a p{ line-height:46px;}

            .wxh_newhouse{ padding-bottom:10px;}
            .wxh_newhouse h4{ color:#353535; }
            .wxh_newhouse h4,.wxh_newhouse p{margin-bottom:5px;}
            .wxh_specilyhouse span{ display:inline-block; padding:3px 8px; color:#fff; border-radius:15px; -moz-border-radius:15px;}
            .wxh_specilyhouse .wxh_greenbgcolor{ background:#7db829;}
            .wxh_specilyhouse .wxh_bluebgcolor{ background:#29b3b8;}
            .wxh_specilyhouse .wxh_caramelbgcolor{ background:#b87629;}
            .wxh_productdetails_footer button{ height:46.5px; padding:0; border:none;}
            .wxh_productdetails_footer button img{ margin-right:5px;}
        </style>
    </head>
```

```html
<!--背景-->
<body class="wxh_bggreycolor">

<!--头部-->
<header>
<div class="container">
    <div class="row">
            <div class="col-xs-2"><a href="javascript:history.go(-1)" class="text-left"><span class="glyphicon glyphicon-menu-left"></span></a></div>
            <div class="col-xs-8 text-center">威尼斯花园</div>
        </div>
    </div>
</header>

<!--主体部分-->
<section class="wxh_housedetails_disbottom">

<!--产品详情-->
<div class="container">
    <div class="row">
        <div class="wxh_secondhand_house_baner">
            <img src="static/img/wxh_newhouse.jpg"/>
        </div>
        <div class="col-xs-12 wxh_newhouse wxh_bgwhitecolor">
            <h4>电建地产大长安</h4>
            <p class="wxh_redfontcolor">1000万/套起</p>
            <p class="wxh_specilyhouse">
            <span class="wxh_greenbgcolor wxh_font12">别墅</span>
                <span class="wxh_bluebgcolor wxh_font12">车位充足</span>
                <span class="wxh_caramelbgcolor wxh_font12">河景房</span>
            </p>
        </div>
        <!----wxh_speciality 开始--->
        <div class="wxh_bgwhitecolor wxh_speciality">
            <div class="col-xs-12"><span>自首真京承高速G11出口</span></div>
            <div class="col-xs-12"><span>2015年8月22日 最新开盘</span></div>
            <div class="col-xs-12"><span>主力户型 6居（1）8居（2）7居（2）</span></div>
            <div class="col-xs-6">
            楼层：<span>15层</span>
            </div>
            <div class="col-xs-6">
            朝向：<span>南北</span>
            </div>
            <div class="col-xs-6">
            装修：<span>其他</span>
            </div>
            <div class="col-xs-6">
            楼型：<span>无</span>
            </div>
```

```html
                </div>
            </div>
            <!----wxh_speciality 结束--->
        </div>
    </div>

    <!--户型介绍-->
        <div class="container">
        <div class="row">
            <!----wxh_divbox 开始--->
            <div class="wxh_divbox">
             <div class="col-xs-12 wxh_firstdiv">
                <a href="#">
                    <span class="pull-left wxh_font12">户型介绍</span>
                    <span class="glyphicon glyphicon-menu-rightpull-right"></span>
                </a>
             </div>
              <div class="col-xs-12 wxh_map">
                 <img src="static/img/wxh_newhouse_type.jpg"/>
              </div>
            </div>
            <!----wxh_divbox 结束--->

    <!--楼盘信息-->
            <!----wxh_divbox 开始--->
            <div class="wxh_divbox">
             <div class="col-xs-12 wxh_firstdiv">
                <a href="#">
                    <span class="pull-left wxh_font12">楼盘信息</span>
                    <span class="glyphicon glyphicon-menu-right pull-right"></span>
                </a>
             </div>
              <div class="col-xs-12 wxh_font">
                 <span class="wxh_999color">开发商：</span>万科
              </div>
            </div>
            <!----wxh_divbox 结束--->

    <!--位置及周边-->
            <!----wxh_divbox 开始--->
            <div class="wxh_divbox">
             <div class="col-xs-12 wxh_firstdiv">
                <a href="#">
                    <span class="pull-left wxh_font12">位置及周边</span>
                    <span class="glyphicon glyphicon-menu-right pull-right"></span>
                </a>
             </div>
              <div class="col-xs-12 wxh_map">
```

```html
                            <img src="static/img/wxh_map.jpg"/>
                          </div>

                  </div>
                  <!----wxh_divbox 结束--->
             </div>
</div>
</section>

<!--页脚-->
<footer class="wxh_productdetails_footer navbar-fixed-bottom">
<div class="wxh_index_footer">
                <ul class="nav nav-tabs nav-tabs-justified">
                    <li class="col-xs-12">
                        <a href="tel:010-56458888" class="text-center">
                       <!-- <p class="wxh_bgimg">咨询售楼处:010-56458888</p>-->
                        <button class="btn btn-default btn-block">
                           <img src="static/img/wxh_tel.png"/>
                           咨询售楼处:010-56458888
                        </button>
                        </a>
                    </li>
                </ul>
</div>
</footer>
</body>
</html>
```